高等职业学校烹调工艺与营养专业教材

烹调基本功训练

刀工 勺工

THE TRAINING OF BASIC COOKING SKILLS

何 彬 / 主编

中国轻工业出版社

图书在版编目（CIP）数据

烹调基本功训练. 刀工勺工 / 何彬主编. —北京：中国轻工业出版社，2020.9

高等职业学校烹调工艺与营养专业教材

ISBN 978-7-5184-2993-6

Ⅰ.①烹… Ⅱ.①何… Ⅲ.①烹饪-方法-高等学校-教材 Ⅳ.①TS972.11

中国版本图书馆 CIP 数据核字（2020）第 073787 号

责任编辑：史祖福　贺晓琴　　责任终审：白　洁　　整体设计：锋尚设计

策划编辑：史祖福　　责任校对：李　靖　　责任监印：张　可

出版发行：中国轻工业出版社（北京东长安街6号，邮编：100740）

印　　刷：三河市国英印务有限公司

经　　销：各地新华书店

版　　次：2020年9月第1版第1次印刷

开　　本：787×1092　1/16　印张：8.75

字　　数：196 千字

书　　号：ISBN 978-7-5184-2993-6　定价：49.00元

邮购电话：010-65241695

发行电话：010-85119835　传真：85113293

网　　址：http://www.chlip.com.cn

Email：club@chlip.com.cn

如发现图书残缺请与我社邮购联系调换

191395J2X101ZBW

本书编委会

主　　编　何　彬

副 主 编　彭军炜　肖　冰　欧阳虎

编　　委　张　拓　王　飞　刘　畅　蔡鲁峰

　　　　　温　潜　周　彪　刘同亚　赵玉根

技术指导　谢铁峰

前言

中国是餐饮业发达国家，中国餐饮行业属于传统行业，在其他行业大都已经实现工业化、产业化的今天，烹饪技术由于其自身的特点难以完全实现工业化，仍然在刀工、勺工等方面保持着手工操作特质，这也是成就中国烹饪“一菜一格，百菜百味”的重要原因之一。

刀工是厨师的重要技艺之一，是烹调艺术的呈现。名目繁多、精妙的刀工是中国菜的一大特色，块、片、条、丁、丝、末等形态多变；切、锯、推、拉、剁、剞等手法灵活；雕镂细刻，更是举世无双。孔子的“脍不厌细”、庄子的“游刃有余”、张衡的“鸾刀缕切”，说的都是刀工之妙。勺工技法是我国厨师的独特创造，推、拉、送、扬、晃、举、颠、翻的八字心诀是勺工的关键，既符合力学原理，又具有一定的观赏性，是力与美的结合，“珍珠倒卷帘”“白鹤亮翅”说的都是勺工之美，而这美又离不开力。

《烹调基本功训练：刀工勺工》是一部以讲授刀工基本功和勺工基本功为主的教材，也是烹调相关专业的核心实训课程教材。本教材共分为烹饪刀工准备、基本刀法实训、刀法工艺实训、烹饪勺工准备与实训四个模块。其中，细分为18个项目，57个实训内容，以文字、图片、视频相结合的方式对每一个实训的内容进行分步骤详细讲解，更加便于师生的阅读和理解。

湖南省商业技师学院自1975年开设烹饪专业以来一直重视刀工、勺工的技能训练，积累了丰富的教学经验，为了更全面、系统地学习和掌握刀工、勺工的技能，我们将这部分内容单独编写成书。编写成员均是从事刀工、勺工技能教学任务的教师。

本教材由湖南省商业技师学院烹饪旅游学院何彬担任主编，负责制订编写提纲及审稿。本教材模块一（项目一、项目二、项目三）由何彬、张拓负责编写；模块一（项目四、项目五）由张拓、蔡鲁峰负责编写；模块二由何彬、肖冰负责编写；模块三（项目一、项目二）由何彬、彭军炜负责编写；模块三（项目三）由彭军炜、周彪负责编写；模块四（项目一、项目二、项目三）由何彬、欧阳虎负责编写；模块四（项目四）由欧阳虎、赵玉根负责编写；模块四（项目五、项目六）由王飞、温潜、刘同亚负责编写。刘畅负责全书图片的拍摄工作，谢铁峰负责技术指导工作。

在本教材编写过程中，参考了许多同仁的观点和文献资料，对于在编写过程中给予支持和帮助的有关人员深表感谢。

由于编者团队水平有限，书中难免有疏漏之处，恳请读者予以批评指正。

编者

2020年3月

目录

模块一

烹饪刀工准备

实训目标

通过本模块的学习，使学生掌握刀工的概念、要求及作用；了解不同刀工加工原料的区别；熟悉常用刀具的分类、特点及用途；掌握刀具的存放、递交、携带、保养；掌握磨刀的方法、姿势及锋利程度的鉴定；掌握正确的握刀、临案姿势；掌握砧板的分类、使用和保养；加强学生身体各部位协调性的练习，强化刀工技能要领。

实训内容

项目一　刀工的概念、基本要求与作用

项目二　烹饪刀具的分类、特点与用途

项目三　刀具的磨制与保养

项目四　砧板的选择、使用与保养

项目五　刀工的正确操作

项目一

刀工的概念、基本要求与作用

项目导读

刀工作为烹调过程中必不可少的一部分，在数千年的烹调长河中积累着一代代人的智慧与结晶。本项目主要要求掌握刀工的概念、要求及作用，以便更好地理解刀工知识，培养刀工学习的兴趣，为以后学习刀工技术打下理论基础。

学习内容

一、刀工的概念

刀工是根据烹调与食用的要求，运用一定的刀具和行刀技法，将烹饪原料加工成一定形状的操作过程。

二、刀工的基本要求

（一）合理运用

刀工应根据原料性质的不同灵活掌握，区别对待。

（二）整齐划一

原料经刀工处理后，要做到成形大小均匀、薄厚一致、粗细恰当、长短相等、形状相似、断连分明。否则不但影响成品的美观，而且会造成生熟不一。

（三）配合烹调

刀工是以烹调为出发点和归宿点，因此应根据烹调方法的特点，决定所加工原料形状的大小及薄厚。如汆、爆、炒等烹调方法烹制的菜肴，一般都用旺火短时间速成，因此原料要薄小些，否则不易成形和入味。

（四）物尽其用

原料在加工处理时，要充分考虑其用途。下刀时要心中有数，合理用料，做到大材大用，小材小用，合理利用。对刀工处理后的边角碎料也应物尽其用，充分发挥其经济效用。

（五）营养卫生

刀工操作中，为了防止食物间的交叉感染，在加工不同生熟原料的状态下，要将砧板、刀具按照颜色分类，注意刀工操作环境及个人的卫生，养成干净、快捷、利索的操作习惯，刀具、砧板及其周围的原料、物品要保持清洁整齐。

三、刀工的作用

（一）便于食用

大块的原料是不易食用的，特别是体型较大的动物性原料，只有经过一定的刀工处理才能形成大小适口的原料。

（二）便于烹调入味

烹饪原料的大小与加热时间长短密切相关，并与调味品的渗透程度紧密相连。经刀工处理后的原料增大了表面积，使得更易入味、成熟。

（三）增加美感

中国烹饪一菜一格、形态万千，除处理原料的品种丰富及烹调方法多样以外，刀工是一个重要的因素。原料经不同的刀法处理后，经加热会产生不同的造型，从而增加菜肴的可观赏性。

（四）丰富品种

中国烹饪刀工技法多样，为菜品的创新提供了广阔的平台。同一种原料根据烹调的要求，经不同的刀法加工后可产生不同的形态，从而烹饪出不同的菜肴。

（五）便于加热

对于旺火速成的原料，通过刀工的处理，加速了传热介质与原料间的接触面积，加快了原料的成熟速度。

谈一谈

谈谈你对烹饪刀工基本要求的理解。

项目二

烹饪刀具的分类、特点与用途

项目导读

烹饪刀工是一门复杂的工艺，必须有一整套得心应手的工具。各种类型的厨刀是烹饪刀工的主要工具，它们在原料加工过程中起着主要作用，刀具的好坏及使用是否得当，都将关系到菜肴的外形和质量。因此，熟悉烹饪刀具的分类、了解不同种类刀具的特点，能够在实际操作中合理选择刀具尤为重要。

学习内容

一、烹饪刀工概述

烹饪刀工与烹饪同时产生。早在五、六十万年前，我们的祖先就已经能够选用坚硬的石料，打制成刮削器和尖状器，用来剥去兽皮，切割兽肉，而且学会了用火，火的使用是古老烹饪的起源。其实，早在古人用火之前的百万年中，人类已经可以打制石刀，用来分割食物，但当时是生吞活剥、茹毛饮血，还谈不上烹饪，更不可能谈得上烹饪刀工。只有人类开始火化熟食以后，切割食物的工具和方法，才具备了刀工的基本意义。

最初的烹饪刀工，只是将较大的禽兽剥皮、肢解，切割成块，以便烧烤食用而已。这一状况延续了大约几十万年，直至距今一万年以前的新石器时代才出现了磨制的石刀、骨刀、蚌刀，取代了之前的打制工具，但是，块仍然是最常见的料形。

公元前16世纪，我国进入了青铜文明的辉煌时期。青铜工具的使用，引起了刀工技术的革命。春秋战国时期我国进入了铁器时代，刀工技术得到了进一步的升华。近现代随着科技的发展，金属制造业空前繁荣，刀工技术更是被厨师们发挥得淋漓尽致、炉火纯青。

二、中餐刀具的用途及分类

（一）中餐刀的组成

中餐刀（以切刀为例）由以下几个部位组成：刀柄、刀背、刀膛、刀刃、刀尖、刀跟。

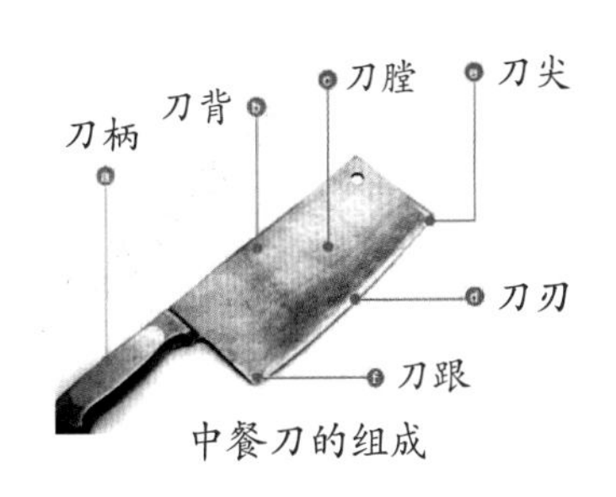

中餐刀的组成

（二）刀具的种类和用途

表1-1　　刀具的种类和用途

刀具种类	刀具图片	刀具描述	用途
片刀		刀身呈长方形，较宽，刀刃较长，刀体较薄，重量轻	适合切、片等刀法，用于质地较嫩、形体较小的动植物原料，如土豆、萝卜、鸡胸肉、猪里脊肉等
前切后砍刀		刀重500～1000g。刀身前半部分用来切，后半部分用来砍	适合切、片、斩等刀法，用于质地较嫩的动植物原料，带有软骨的动物性原料，如萝卜、莴苣、里脊肉、脆骨等
切刀		切刀是最基本的刀具，比片刀略厚、略重，刀口锋利，结实耐用	应用范围较广，可将原料切成各种丝、丁、片、块、末等形状
砍刀		刀身呈长方形或圆口形，刀身较窄，刀刃较短，刀体厚重	用于加工带有硬骨的动物性原料，适合剁、砍等刀法
剪刀		刀身分两片，极窄，刀口锋利，分左右两个刀柄	用于加工片类原料，如动物肠类、肚类原料的初加工等
雕刻刀		刀身较短，重量轻，韧性足，刀尖尖锐锋利，刀刃锋利	用于细小的块状、丝状、片状的植物性原料加工为主，如白萝卜、胡萝卜、心里美等原料

续表

刀具种类	刀具图片	刀具描述	用途
去皮刀		刀身较短，刀刃呈弧形，刀刃锋利，重量轻	用于动物性原料的整料去皮，如带皮猪肉、羊肉、牛肉等原料
分割刀		刀身较短，刀刃锋利较薄，刀尖尖锐	常用于动物性原料的骨肉分档取料，如猪、牛、羊等
罐头刀		带有锋利的圆形刀片，刀片旁配有刀片旋转器，双把设计利于固定刀身	适用于各类罐头的开启
锯齿刀		刀身长，刀刃窄呈锯齿状，重量轻	适合切酥松多孔易碎的原料，如面包、蛋糕等
刨擦		表面整齐均匀分布刨擦孔，摩擦力大	适合加工成末、丝、碎等，一般适合加工脆性、韧性的植物性原料，如柠檬、土豆、红薯等
片鸭刀		刀身窄长，刀刃锋利，刀体薄，重量轻	适用于片烤鸭、烤鹅等原料

续表

刀具种类	刀具图片	刀具描述	用途
刮皮刀		刀刃锋利，刀口窄	适用于带皮的瓜果类原料去皮，如茄子、黄瓜、冬瓜等原料
西餐主刀		刀刃锋利，刀身窄长，刀尖尖利，刀体薄，重量轻	适用于片、切等刀法，用于不带骨的动物性原料、蔬菜类原料
蔬菜水果刀		刀刃锋利，刀身窄长，刀体薄，重量轻，刀尖呈圆弧状	适用于蔬菜水果的切配
牡蛎刀		刀身短厚，刀刃钝，刀尖窄薄，重量轻	常用于牡蛎、贝壳等原料的开壳

三、刀具使用时的注意事项

（一）递刀

递刀时一定要注意避免刀刃对着别人，而造成不必要的伤害，递刀的人抓住刀背将刀柄递向被递人员，在被递人员将刀拿稳后松手，切勿将刀口朝向被递人员。

递刀姿势

（二）携刀

正确的携刀姿势是右手横握刀柄，紧贴腹部右侧，刀刃向下。携刀走路时，切忌刀刃朝外，手舞足蹈，以免伤害自己和伤害他人。

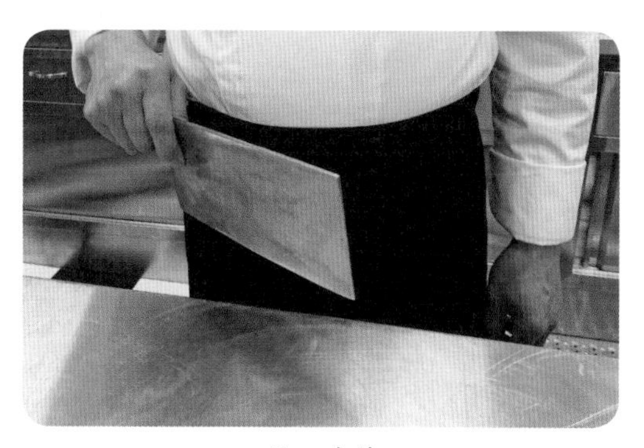
携刀姿势

（三）放刀

刀工操作完毕后，刀的摆放位置、摆放方向和携带姿势都有严格的要求。随意放刀或错误地携刀，往往会给刀工操作者本人及相邻人员带来安全的隐患，造成不应有的事故。

正确的放刀位置应当是：每次操作完毕以后，应将刀具放置砧板中央，刀口向外，前不出尖，后不露柄，刀背、刀刃都不应露出墩面。

下面还有几种是常常出现的不良放刀习惯，都应该加以纠正。

放刀姿势

谈一谈

分组讨论：不正确的递刀、携刀、放刀会带来什么样的不良后果？

错误的放刀姿势 1

错误的放刀姿势 2

错误的放刀姿势 3

错误的放刀姿势 4

项目三

刀具的磨制与保养

项目导读

俗话说："工欲善其事，必先利其器"，为了保持刀具锋利，要经常磨刀，这就需要磨刀石。刀具如何保养，磨刀石该怎么选择，磨刀采用什么方法，这都是一个厨师必须掌握的基本知识。

学习内容

一、磨刀石的种类

磨刀石，即磨制各种烹饪刀具的工具。呈长条形，规格尺寸大小不等。主要功能是通过刀在磨石上的反复摩擦，使刀刃锋利以适应加工原料的需要。常见的磨刀石有以下几种。

（一）粗磨石

粗磨石有天然和人工合成两种，砂粒较粗，质地较硬，主要用来磨制没有开刃的新刀，以及刀刃较厚的砍刀、砍斧。

（二）油石

油石是用特制的水泥，以材质坚硬的砂子经人工合成的磨石，形状以长方形为主，一般分为粗细两面。由于这种磨石是人工制作而成，砂粒粗糙不均匀，所以长时间使用易出现断口、卷口、损坏刀刃的现象，影响刀具的使用寿命。

（三）细磨石

细磨石分天然和人工合成两种，只是砂粒相对粗磨石较细，主要用来磨制切刀、片刀、水果刀等。

（四）青石

青石是纯天然石头经人工凿、磨而成。主要磨制刀刃较薄的切刀、片刀、雕刻刀等刀具。由于这种纯天然材质的磨石质地光滑细腻，所以磨好的刀刃异常锋利，且经久耐用。

（五）磨刀棒

磨刀棒由“软钢”制成，可以用来磨刀具的刀口，磨刀棒和磨刀石的作用是不一样的，磨刀石可以用来磨很钝的刀具，磨刀棒只能用来磨刀具的刀口，使刀口变得更加锋利，去除刀口处细微不光滑的地方。

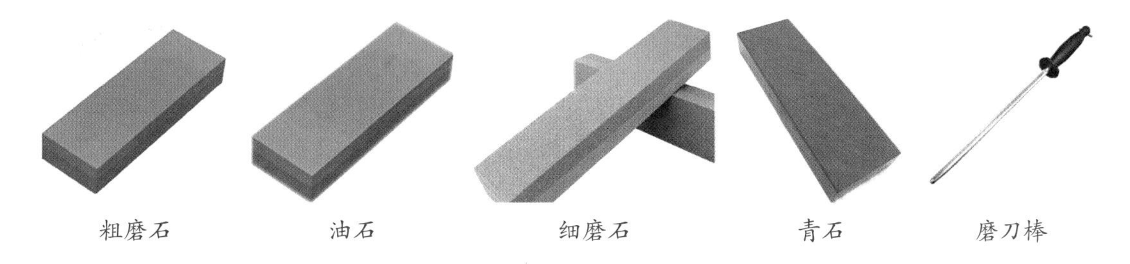

粗磨石　　油石　　细磨石　　青石　　磨刀棒

二、磨刀方法

（一）磨刀姿势

磨刀时要求两脚分开，胸部略向前倾，收腹，重心前移，两手持刀，目视刀锋。

磨刀姿势

（二）磨刀方法

1. 横向磨刀法

首先将磨石固定于架子上，高度约为操作者身高的一半，以操作方便、运用自如为准。磨刀时右手握住刀尖直角部位，左手握住刀柄前端，两手持稳刀，将刀身端平，刀与磨石的夹角为3°～5° 为宜。采取刀和磨刀石垂直的磨刀方法。

横向磨刀法

2. 竖向磨刀法

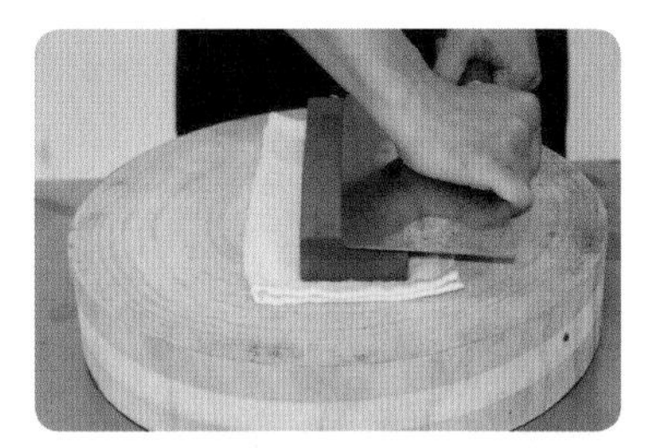

竖向磨刀法

首先将磨刀石固定在架子上，高度约操作者腰部，以操作方便、运用自如为准。磨刀时左手紧握刀背，右手紧握刀把，先将菜刀刀刃与磨刀石紧贴磨制，再转向菜刀另外一面，右手紧握刀背，左手握刀把磨制，刀与磨刀石夹角一般以3°~5° 为佳。采用刀与磨刀石平行的方法。

注意事项：磨刀时重点应放在磨刀锋部位，用力都要讲究平稳、均匀，当磨石表面起砂浆时，须淋点水继续再磨；刀锋的前、中端和后端部位应均匀地磨到（前切后斩刀的后端较之前中端，可以适当少磨）；刀具应两面磨制一样的程度，这样才能保证磨完的刀口平直锋利，避免偏锋现象。

（三）刀锋检验

检验刀磨得是否合格，一种方法是：将刀刃朝上，两眼直视刀刃，如果刀刃上看不见白色光泽，就表明刀已磨锋利了，反之则表明刀有不锋利之处，当刀的两面磨制时间不同，则会出现刀口向一面倾斜，甚至卷边。

另一种方法是：把刀刃轻轻放在大拇指手指盖上轻轻拉一拉，如有涩感，则表明刀刃锋利，如刀刃在手指盖上感觉光滑，则表明刀刃还不锋利。

三、刀具的保养

磨刀方法演示

刀具用后的保养是延长刀具寿命，确保刀工质量的重要手段，操作时要爱护刀具，尤其刀刃部分要倍加呵护，不可在没有砧板的情况下精加工原料，最忌在不锈钢操作台、大理石面等质地坚硬的物体上直接切菜。

刀具保养时应做到以下几点。

（1）刀具使用后应冲洗干净并用干毛巾擦干水分。特别是切咸味的或带有黏性的原料，如咸菜、藕、菱等原料，切后黏附在刀两侧的鞣酸，容易氧化而使刀面发黑，而且盐渍对刀具有腐蚀性，故刀用完后必须用清水洗净擦干。

（2）刀具使用之后，必须固定挂在刀架上，或放入刀盒内，不可碰撞硬物，以免损伤刀刃。

（3）长时间不用的刀具应在两侧刀身涂抹一层油脂或干面粉，以防刀具生锈影响使用。

（4）切配过程中要注意根据原料质地的不同选择相应的刀具，以免损伤刀刃。

四、磨刀石的保养

磨刀石在刀具的磨制过程中、后，采用合适的方法保养可以增加磨刀石的寿命，以及保持磨刀石的品质，磨刀石的保养应该做到如下几点。

（1）磨刀的过程中，刀具均匀的磨制同时，磨刀石也应该均匀的磨制，切勿在同一处反复的磨制，造成磨刀石面部凹凸不平，在磨制的过程中适当的加水，减少磨制过程中产生热量而发生物理变化。

（2）在磨刀结束后，将磨石洗净晾干后，用抹布包裹储藏好，在下次磨刀时提前将磨刀石泡水。

谈一谈

如何用不同的磨刀石相互结合磨出一把锋利的切刀？

项目四

砧板的选择、使用与保养

项目导读

砧板又称刀板、砧墩，是刀工操作时的衬垫工具。砧板的质量好坏，直接影响着刀工出品的形态，以及烹饪过程中的食品卫生与安全。

学习内容

一、砧板的选择

现今市场上流行的砧板材质有三种：木质、竹质、树脂。其中，木质砧板因其价格实惠、不伤刀、通透性好等优点，在饮食行业被广为使用。

木质砧板

竹质砧板

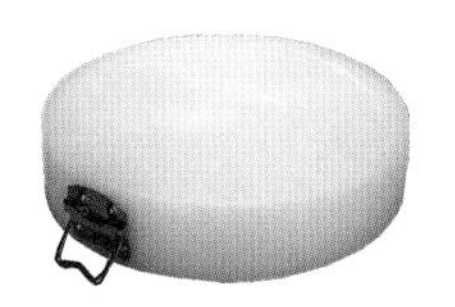

树脂砧板

因银杏木、橄榄树、榆树、柳树、椴树等树木具有质地坚实，木纹细腻、密度适中、弹性好、不损刀刃等优点，所以木质砧板一般选用此几种材料制作而成。

二、砧板的使用与保养

（1）新砧板使用前需用盐卤浸泡数日或放入锅内加热煮透，使其木质收缩、组织细密，砧板保持湿润不燥、不裂、结实耐用。

（2）砧板在使用时应注意以下几点。

①为防止刀工操作时砧板滑动，从而给切割造成不便乃至意外，应于刀工操作前在砧板的下端垫上一块湿毛巾。

②不应专用一端，要四周旋转使用，保持砧板磨损均衡，避免出现凹凸不平。一旦出现不平时，应及时修正。

③在刀工切配过程中，产生的水、血、油、黏液、颗粒等杂物，应及时刮洗干净，以免出现切割打滑或烹饪原料串味现象。

（3）砧板用完后，要刮洗干净，竖起，用洁布罩好，放通风处，以备再用，切忌在太阳下暴晒，以免干裂。

（4）砧板应定期采用高温蒸煮、消毒液浸泡等方法进行消毒处理。

谈一谈

不同材质的砧板在实际操作使用过程中分别有哪些优缺点？

【读一读】 关于西餐厨房不同颜色树脂砧板的使用知识

为了减少食物之间的交叉感染，西餐厨房根据不同的原料种类及性质，将砧板进行颜色的分类，共有六种颜色，具体如下。

表1-2　　西餐厨房中不同颜色的砧板用途

砧板颜色	用途
红色	红色砧板规定加工生畜肉，如猪、牛、羊肉等
绿色	绿色砧板是切经清洗后的蔬菜水果类，如瓜果类蔬菜、叶类蔬菜、根茎类蔬菜等
黄色	黄色砧板是加工生禽肉类，如鸡、鸭、鹅等禽类动物
棕色	棕色砧板是加工各类熟肉类
蓝色	蓝色砧板是加工水产品、海鲜类，如鱼、虾、蟹
白色	白色砧板是加工即食产品

项目五

刀工的正确操作

项目导读

正确的刀工实训操作姿势，良好的刀工实训操作习惯，可对刀工操作起到事半功倍的效果，避免刀工操作者因长期不正确的操作姿势而出现职业病，影响身体健康，还会影响刀技的正常发挥；另外不正确的操作习惯容易对刀工操作者本人或他人带来不便和伤害。

学习内容

一、临案姿势强化实训

正确的站案姿势，要求身体保持自然正直，自然挺胸，头要端正、微颌，双眼正视两手操作的部位，腹部与砧板保持一拳（约10cm）的距离。砧板放置的高度应以操作者身高的一半为宜，以不耸肩、不卸肩为度。双肩关节要自感轻松得当，刀与身体的水平夹角保持在30°~40° 。

站案时脚的姿态有两种：一种方法是，双脚自然分开站立，呈外八字形，两脚尖分开，与肩同宽；另一种方法是，呈稍息姿态。无论选择哪种方法，都要始终保持身体重心稳定，有利于控制上肢和灵活用力的方向。

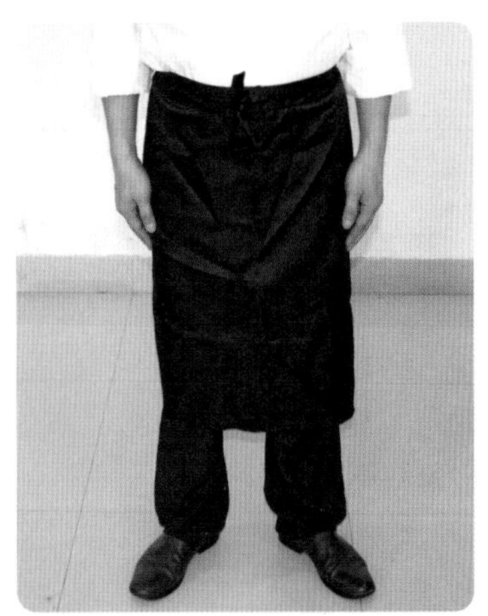

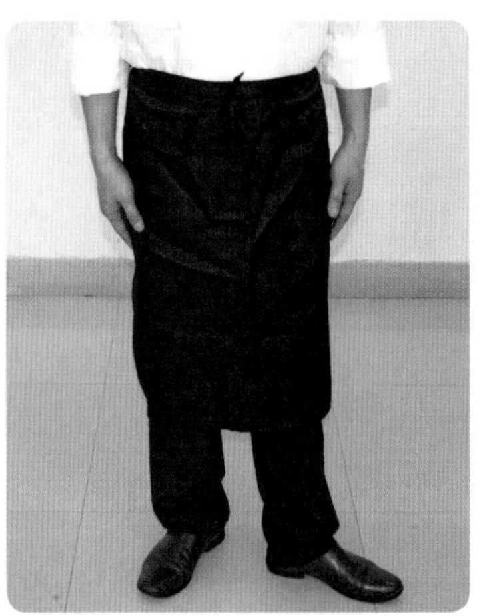

正确的站案脚法

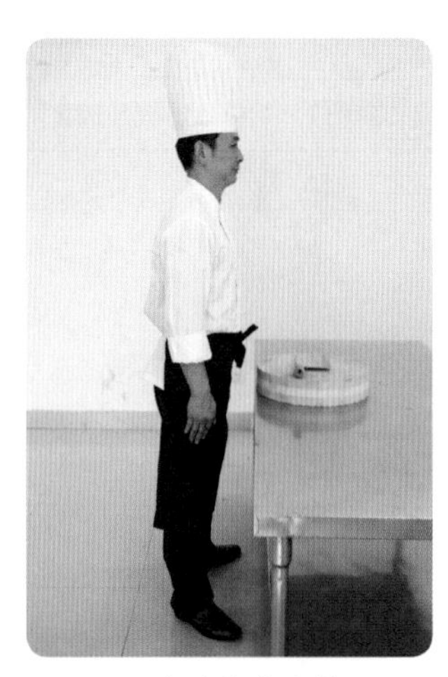

正确的临案姿势

初学刀工，容易出现很多错误动作，如歪头、拱腰、驼背、身体前倾、手动身移、重心不稳等。

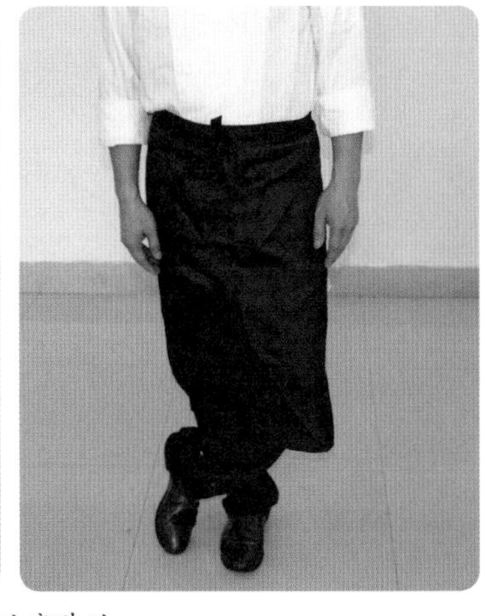

错误的站案脚法

错误的临案姿势

二、手掌和指法的作用

从事刀工工作，手是计量和掌握切割原料的尺子。通过这把“尺子”的正确运用，才能加工所需要的原料形状。因此，了解手掌及各个手指的作用，充分运用手掌和指法进行操作，对提高刀工技能、保证菜肴质量具有重要作用。

五指及其手掌的作用分别表述如下。

（1）中指　操作时，中指第一关节向着手心略向里弯曲，并紧贴刀膛，轻按原料，主要作用是控制“刀距”。

（2）食指和无名指　操作时食指和无名指向掌心方向略微弯曲，垂直朝下用力按稳原料以不使原料滑动。

（3）小拇指　操作时小拇指要自然弯曲，呈弓形，配合并协助无名指按住原料，防止原料左右滑动。

（4）大拇指　操作时大拇指要协助食指、小拇指共同扶稳原料，防止行刀时原料滑动。同时，大拇指起着支撑作用，避免重心力集中在中指上，造成指法移动不灵活和刀距失控。

正确的刀工操作指法

（5）手掌　操作时手掌起到支撑作用。手掌必须紧贴墩面，使重心集中到手掌上，才能使各个手指发挥灵活的作用。否则，整只手的压力及重心必然前移至五个手指上，使各个手指的活动受到限制，发挥不了五个指头应有的作用而且刀距也不好掌握。手掌和各个手指在刀工操作时，既分工又合作，相互作用，相互配合。操作时基本的手势为：五指合拢，自然弯弓。

三、握刀姿势强化实训

在刀工操作时，握刀的手势与原料的形状、质地和刀法有关。使用的刀法不同，握刀的手势也有所不同，但总的握刀要求是稳、准、狠，操作时还要做到"牢而不死，软而不虚，硬而不僵，轻松自然，灵活自如"。

谈一谈

试想不正确的刀工操作姿势和操作习惯，会给自己或周围他人带来哪些伤害？

正确的握刀方法

错误的握刀方法

实训评价标准

一、磨刀实训标准

项目＼分数＼指标	站立姿势	握刀姿势	磨刀角度	磨刀幅度	场地卫生	合计
标准分（百分制）	25	15	25	10	25	100

续表

项目＼分数＼指标	站立姿势	握刀姿势	磨刀角度	磨刀幅度	场地卫生	合计
扣分						
实得分						

二、临案姿势强化标准

项目＼分数＼指标	站立姿势	与砧板距离	砧板放置高度	场地卫生	合计
标准分（百分制）	35	15	25	25	100
扣分					
实得分					

三、握刀姿势强化标准

项目＼分数＼指标	中指、无名指及小拇指握刀方式	大拇指与食指握刀方式	手掌指握刀方式	场地卫生	合计
标准分（百分制）	30	35	10	25	100
扣分					
实得分					

模块二

基本刀法实训

实训目标

烹饪刀工技法简称刀法。明确地说，是根据原料的性质及烹调和食用的要求，将原料加工成一定形状时所采用的行刀技法。刀法的种类很多，各地的名称也有差异，但根据刀锋与墩面接触的角度或刀锋与原料的接触角度，大致可分为直刀法、平刀法、斜刀法和剞刀法四大类，每大类刀法根据刀的运行方向又可分出若干种类。通过实训能了解不同刀法的区别，并能根据原料的性质、成菜要求等因素，选择恰当的一种或多种刀法完成烹饪实操。

实训内容

项目一　直刀法实训

项目二　平刀法实训

项目三　斜刀法实训

项目四　剞刀法实训

项目一

直刀法实训

项目导读

直刀法是指刀与墩面或刀与原料接触面呈90°，即始终保持刀具垂直的行刀技法，也是烹饪中最常运用的刀法。这种刀法按照用力大小的程度，可分为切、斩（剁）、砍（劈）等。

实训任务

项目任务	任务实训编号	任务内容
任务一 切的训练	实训1	直刀切
	实训2	推刀切
	实训3	拉刀切
	实训4	推拉切
	实训5	锯切
	实训6	滚料切
	实训7	铡刀切
任务二 直刀斩（剁）、砍（劈）训练	实训1	剁
	实训2	砍（劈）

实训方法

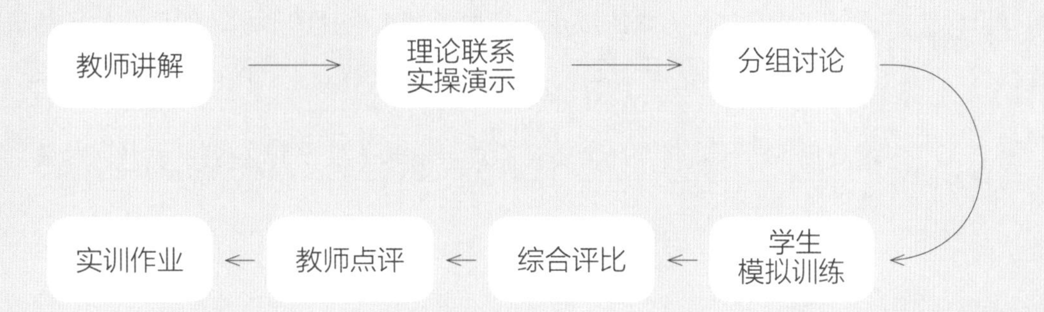

任务一　切的训练

任务目标

切是刀法中刀的运动幅度最小的刀法，因此一般适用于无骨无冻的原料。由于原料的性能各不相同，各地的行刀习惯不同，因此又有不同的手法。通过实训能了解各种切的不同刀法和不同手法，掌握其操作要领，并能根据原料性质特点选择恰当的刀法完成烹任实操。

任务准备

1. 原料

（1）适宜直刀切的脆性原料　白菜、油菜、鲜藕、莴苣、冬笋、萝卜等。

（2）适宜拉刀切的脆性原料　白萝卜、胡萝卜、心里美、莴苣等。

（3）适宜锯切加工质地较软的原料　面包、馒头、方火腿、酱肉、黄白蛋糕等。

（4）适宜滚料切加工的圆形或近似圆形的脆性原料　各种萝卜、冬笋、莴苣等。

（5）适宜铡刀切加工带软骨或比较细小的硬骨原料　蟹、烧鸡等。

2. 器具

操作台、砧板、切刀、毛巾、盆、盘等。

3. 场地

刀工演示室或刀工实训室。

实训任务

直刀切演示

实训1　直刀切

知识要点	直刀切（又称跳切），这种刀法在操作时要求刀与墩面垂直运动，从而将原料切断。这种刀法主要用于把原料加工成片的形状，然后在片形基础上，再使用其他刀法，还可加工出丝、条、段、丁、粒、末或其他形状。
适用原料	适宜加工脆性原料，如白菜、油菜、南荠（荸荠）、鲜藕、莴苣、冬笋、萝卜等。

技术要求	左手运用指法向左后方向移动要求刀距相等，两手协调配合，灵活自如。刀在运行时，刀身不可里外倾斜，用力点在刀刃的中前部位。
操作方法	左手扶稳原料，用中指第一关节弯曲处顶住刀膛，手掌按在原料或墩面上，右手持刀，用刀刃的中前部位对准原料被切位置，刀垂直上下起落将原料切断。如此反复直切，直至切完原料为止。

直刀切演示

实训2 推刀切

推刀切演示

知识要点	这种刀法操作时要求刀与墩面垂直，自上而下从右后方向左前方推切下去，一推到底，将原料断开。这种刀法主要是用于把原料加工成片的形状。然后在片的形状基础上，再应用其他刀法，加工出丁、丝、条、块、粒或其他几何形状。
适用原料	推刀切适宜加工韧性原料，如无骨的猪、牛、羊各部位的肉。对脆性原料，如海蜇、海带等，也适宜用这种刀法加工。
技术要求	左手按稳原料朝后方移动，每次移动要求刀距相等。刀在运行切割原料时，通过右手腕的起伏摆动，使刀产生一个小弧度，从而加大刀在原料上的运行距离，用刀要充分有力，避免出现“连刀”现象，一刀将原料推切断开。
操作方法	左手扶稳原料，用中指第一关节弯曲处顶住刀膛，右手持刀，用刀刃的前部对准原料被切的位置，刀从上至下、自右向左推切下去，将原料切断。如此反复推切，至切完原料为止。

推刀切演示

实训3 拉刀切

拉刀切演示

知识要点	拉刀切是与推刀切相对的一种刀法。操作时，要求刀与墩面垂直，用刀刃的中前部位对准原料被切位置，刀由上至下，从左向右运动，一拉到底，将原料切断。这种刀法主要是用于把原料加工成片、丝等形状。
适用原料	拉刀切适宜加工韧性较弱的原料，如里脊肉、通脊肉、鸡脯肉等。
技术要求	左手向后移动时，要求刀距相等。刀在运行时，通过手腕的摆动，使刀在原料上产生一个弧度，从而加大刀的运行距离，避免出现“连刀”现象，用刀要充分有力，一拉到底，将原料拉切断开。如此反复拉切，直至切完原料为止。
操作方法	左手扶稳原料，用中指第一关节弯曲处顶住刀膛，右手持刀，用刀刃的后部位对准原料被切的位置，刀由上至下、自左向右运动，用力将原料拉切断开，如此反复拉切，直至原料切完为止。

拉刀切演示

实训4 推拉切

推拉切演示

知识要点 推拉切是一种推刀切与拉刀切连贯起来的刀法。操作时，刀先向前推切，接着再向后拉切。采用前推后拉结合的方法迅速将原料断开。这种刀法效率较高，主要用于把原料加工成片、丝的形状。

适用原料 推拉切适宜加工韧性的原料，如里脊肉、通脊肉、鸡脯肉等。

技术要求 首先要求掌握推刀切和拉刀切各自的刀法，再将两种刀法连贯起来。操作时，用刀要充分有力，动作要连贯。

操作方法 左手扶稳原料，右手持刀，先用推切的方法切割原料，然后，再用拉切的方法，将原料切开。如此将推刀切和拉刀切结合起来，反复推拉切，直至切完原料为止。

推拉切演示

实训5 锯切

锯切演示

知识要点 这种刀法操作时要求刀与墩面垂直，刀前后往返几次再行刀切下，直至将原料完全切断为止。这种行刀技法如木匠拉锯一般，故名“锯切”，锯切主要是把原料加工成片的形状。

适用原料	锯切适宜加工质地松软的原料，如面包、馒头等。对软性原料，如各种酱猪肉、酱牛肉、酱羊肉、黄白蛋糕等也适用这种刀法加工。
技术要求	刀与墩面保持垂直，刀在前后运行时用力要小，速度要缓慢，动作要轻松，还要注意刀在运动时的压力要小，避免原料因受压力过大而变形。
操作方法	左手扶稳原料，中指第一关节弯曲处顶住刀膛，右手持刀，刀刃的前部接触原料被切部位。刀在运行时，先向前运行，刀刃移至原料的中部以后，再将刀向后拉回，如此反复多次，再将原料切断。

锯切演示

实训6 滚料切

滚料切演示

知识要点	这种刀法在操作时要求刀与墩面垂直，左手扶料，不断朝一个方向滚动。右手持刀，原料每滚动一次，刀作直刀切或推刀切一次，将原料切断。运用这种刀法主要是把原料加工成块的形状。
适用原料	滚料切适宜加工一些圆形或近似圆形的脆性原料，如各种萝卜、冬笋、莴苣、黄瓜、茭白、土豆等。

技术要求	无论是加工哪种质地的原料，每切完一刀以后，随即要把原料朝一个方向滚动一次，每次滚动的角度要求一致，才能使成形原料规格保持一致。
操作方法	左手扶稳原料，用中指第一关节弯曲处顶住刀膛，右手持刀，原料与刀保持一定的夹角，用刀刃的前部对准原料被切位置，根据原料质地不同运用直刀切或推刀切的刀法，将原料切断。每切完一刀后，即把原料朝一个方向滚动一次，如此反复进行。

滚料切演示

实训7 铡刀切

铡刀切演示

知识要点	这种刀法要求一手握刀柄，一手握刀背前部，两手上下交替用力压切。运用这种刀法主要是把原料加工成末的形状。
适用原料	铡刀切适宜加工带软骨或比较细小的硬骨原料，如蟹、烧鸡等。对形圆、体小、易滑的原料，如煮熟的蛋类等原料也适宜用这种刀法加工。
技术要求	操作时左右两手反复上下抬起，交替由上至下铡切，动作要连贯。
操作方法	左手握住刀背前部，右手握住刀柄，刀刃前部垂下，刀后部翘起，被切原料放在刀刃的中部，手用力压切，再将刀刃前部翘起，接着左手用力压切，如此上下反复交替压切。除了上述铡切以外，还有两种方法也可使用，即左手握住刀柄向下不动，用刀的前部或中前部对准原料，一上一下，将原料切断；也可以两只手交叉上下运动，将原料切断。

铡刀切演示

实训作业

切可分为几种刀法？每一种刀法是如何操作的？操作时应注意哪些问题？

任务二　直刀斩（剁）、砍（劈）训练

任务目标

斩，又称剁，是刀与墩面或原料基本保持垂直运动的刀法，但是用力及幅度比切大。砍，又称劈，是直刀法中用力及幅度最大的一种刀法，一般用于加工质地坚硬或带大骨原料。通过实训了解斩和砍的操作方法，掌握其操作要领，并能根据原料性质特点选择恰当的刀法完成烹任实操。

任务准备

1. 原料

（1）适宜剁的原料　白菜、葱、姜、蒜、猪肉、虾肉、鸡脯肉等原料。

（2）适宜砍的原料　如整鸡、整鸭、鱼、排骨和大块的肉、冻肉等原料。

2. 器具

操作台、砧板、切刀、砍刀、毛巾、盆、盘等。

3. 场地

刀工演示室或刀工实训室。

实训1 剁

单刀剁演示

实训1-1：单刀剁

知识要点	这种刀法操作时要求刀与墩面垂直，刀上下运动，抬刀较高，用力较大。这种刀法主要用于将原料加工成末的形状。
适用原料	这种刀法适宜加工脆性原料，如白菜、葱、姜、蒜等。对韧性原料，如猪、羊肉、虾肉等也适用剁法加工。
技术要求	操作时，用手腕带动小臂上下摆动，挥刀将原料剁碎，同时要勤翻原料，使其均匀细腻。用刀要稳、准，富有节奏，同时注意抬刀不可过高，以免将原料甩出，造成浪费。
操作方法	原料放置墩面中间，左手扶墩边，右手持刀，把刀抬起用刀刃的中前部位对准原料，用力剁碎。当原料剁到一定程度时，用刀将原料拢起，铲起归堆，再反复剁碎原料直至达到加工要求为止。

单刀剁演示

双刀剁演示

实训1-2：双刀剁

知识要点	双刀剁（又称排斩）操作时要求两手各持一把刀，两刀略呈“八”字形，与墩面垂直，上下交替运动。这种刀法用于加工成形原料，与单刀剁相同，但工作效率较高。

适用原料	双刀剁与单刀剁相同，都适宜加工一些脆性的原料，如白菜、葱、姜等；对猪、牛、羊肉、虾肉等韧性原料，也适用此刀法加工。

技术要求	操作时，用手腕带动小臂上下摆动，挥刀将原料剁碎，同时要勤翻原料，使其均匀细腻，抬刀不可过高，避免将原料甩出，造成不应有的浪费。另外，为了提高剁的速度和质量，可以用两把刀先从原料堆的一边连续向另一边排剁，然后身体相对原料转一个角度，再行排剁，使刀纹在原料上形成网格状。

操作方法	两手各持一把刀，两刀保持一定距离，呈“八”字形，两刀垂直上下交替排剁，注意在排剁的过程中一定要持刀平衡，切勿相碰否则容易碰伤刀口。当原料剁到一定程度时，两刀各向相反的方向倾斜，用刀将原料铲起归堆，再继续行刀排剁。 为了使排剁的过程不单调、不乏味，还可以使两只手按照一定的节奏（如马蹄节奏、鼓点节奏等）来运行，这样会排剁得又快又好且不乏味。

双刀剁演示

实训1-3：单刀背捶

单刀背捶演示

知识要点	这种刀法操作时要求左手扶墩，右手持刀，刀刃朝上，刀背与墩面垂直，刀垂直上下捶击原料。这种刀法主要用于加工肉蓉和捶击原料表面，使肉质疏松，或者将厚肉片捶击成薄肉片。

适用原料	单刀背捶适宜加工经过初步处理的韧性原料，如鸡脯肉、里脊肉、净虾肉、肥膘肉、净鱼肉等。

技术要求	操作时，刀背要与墩面保持垂直；为增大刀背与墩面之间的接触面积，不能只使用刀背的前端，并且使原料受力均匀，提高效率；持刀时用力要均匀，抬刀不要过高，避免将原料甩出；要勤翻原料，从而使加工的原料均匀细腻。
操作方法	左手扶墩，右手持刀，刀刃朝上，刀背朝下，将刀抬起垂直向下捶击原料，如此反复进行。当原料被捶击到一定程度时，用刀将原料拢起，右手使刀身倾斜，用刀将原料铲起归堆，再反复捶击原料直至符合加工要求为止。

单刀背捶演示

实训1-4：双刀背捶

双刀背捶演示

知识要点	这种刀法操作时要求左右两手各持一把刀，刀背朝下，与墩面垂直，两刀上下交替垂直运动。这种刀法主要用于加工肉蓉、鱼蓉等。用此法加工原料，不仅工作效率比较高，而且质量较好。
适用原料	双刀背捶适宜加工韧性原料，如鸡脯肉、净虾肉、净鱼肉、里脊肉等。
技术要求	操作过程中一定要使两刀刀背与墩面保持垂直，加大刀背与墩面、刀背与原料的接触面积，并使原料受力均匀，从而提高工作效率。刀在运行时抬刀不要过高，避免将原料甩出，造成浪费，还要勤翻原料，使加工后的肉蓉、鱼蓉均匀细腻。

操作方法	左右两手各持一把刀，刀背朝下，两刀上下交替运行，用刀背捶击原料，当原料加工到一定程度时，刀刃向下，两刀向相反方向倾斜，用刀将原料铲起归堆，也可以直接用刀背从两边向中间推挤将原料归堆。然后再继续用刀背捶击原料，如此反复进行，直至达到加工要求为止。

双刀背捶演示

刀尖（跟）排演示

实训1-5：刀尖（跟）排

知识要点	这种刀法操作时要求刀垂直上下运动，用刀尖或刀跟在片形的原料上扎排上几排分布均匀的刀缝或孔洞，用于斩断原料内的筋络、软骨或硬性的骨骼，防止原料因受热而卷曲变形或不方便造型，同时也便于调味品的渗透，还因扩大受热面积而使原料易于成熟。如加工“炸里脊”“炸大虾”“炸鸡柳”“扒整鸡”“扒整鸭”等。
适用原料	刀尖排适宜加工厚片形的韧性原料，如大虾、通脊肉、鸡脯肉等；刀跟排适宜加工一些硬性的或带骨的原料，如鸡、鸭、鹅等这些原料使用刀跟排不容易使刀刃受伤。
技术要求	刀在运行中要保持垂直起落；排剁的刀缝间隙或孔洞要均匀；用力不要过大，轻轻将原料扎透即可。
操作方法	左手扶稳原料，右手持刀，将刀柄提起，用刀尖或刀跟垂下对准原料，以刀尖排为例，刀尖在原料上反复起落，排扎刀缝或孔洞，如此反复进行，直至符合加工要求为止。

刀跟排演示

刀尖排演示

实训2 砍（劈）

直刀砍（劈）演示

实训2-1：直刀砍（劈）

知识要点 这种刀法操作时用左手扶稳原料，右手将刀举起，使刀保持上下垂直运动，用刀的中后部对准原料被砍的部位，用力挥刀直砍下去，使原料断开。这种刀法主要用于将原料加工成块、条、段等形状，也可用于分割大型带骨的原料。

适用原料 适宜加工形体较大的或带骨的韧性原料，如整鸡、整鸭、鱼、排骨和大块肉等。

技术要求 右手握牢刀柄，防止脱手伤人，但也不要握得太呆板，不利于操作。将原料在墩面上放平稳，左手扶料要离落刀处远一点，防止伤手。落刀要充分有力，准确，尽量不重刀，将原料一刀砍断。

操作方法 左手扶稳原料，右手持刀，将刀举起，用刀刃的中后部，对准原料被砍的位置一刀将原料砍断。

直刀砍演示

实训2-2：跟刀砍（劈）

跟刀砍（劈）演示

知识要点	利用上述直刀砍的方法来加工原料时，如果一刀没有将原料断开，刀刃被嵌在原料中，这时就需要连续再砍一刀或几刀，直至将原料砍断为止，这种行刀技法称为“跟刀砍”。用这种刀法操作时要求左手扶稳原料，刀刃垂直嵌牢在原料被砍的部位内部，刀运行时与原料同时上下起落，使原料断开。这种刀法主要用于将原料加工成块的形状。
适用原料	跟刀砍适宜加工脚爪、猪蹄及小型的冻肉等。
技术要求	左手持料要牢，选好原料被砍的位置，而且刀刃要紧嵌在原料内部（防止脱落引起事故）。原料与刀同时举起同时落下，用力砍断原料，一刀未断开时，可连续再砍，直至将原料完全断开为止。
操作方法	左手扶稳原料，右手持刀，用刀刃的中前部对准原料被砍的部位，一刀砍下去却没有砍断，刀刃紧嵌在原料内部，左手持原料与刀同时举起，刀与原料同时落下，用力向下砍断原料，如果还没有断开，可以连续地、如此反复进行，直至砍断为止。如果原料形状较小，重量又比较轻，而且刀刃在原料中嵌得又比较紧，可以不用左手持原料，直接用右手持刀带着原料一起落下，将原料断开。

跟刀砍演示

实训2-3：拍刀砍

拍刀砍演示

知识要点 这种刀法操作时要求右手持刀，将刀刃架在原料被砍的位置上，左手半握拳或伸平，用掌心或掌根向刀背拍击，通过左手拍击的作用力将原料砍断。这种刀法加工的准确度较高，主要用于把一些带皮、带骨的原料加工成整齐、均匀、大小一致的块、条、段等形状。

适用原料 拍刀砍适宜加工圆形、易滑、质地坚硬、带皮带骨的韧性原料，如鸭头、鸡头、酱鸡、酱鸭等。

技术要求 在行刀过程中，原料在墩面上一定要放平稳；用掌心或掌根拍击刀背时用力要充分均匀，原料一刀未断，刀刃不可离开原料，可连续拍击刀背直至原料完全断开为止。

操作方法 左手扶稳原料，右手持刀，刀刃对准原料被砍的部位，左手离开原料并举起，用掌心或掌根拍击刀背，使原料断开。

拍刀砍演示

实训2-4：拍刀

拍刀演示

知识要点 这种刀法操作时要求右手持刀，将刀身端平，用刀膛拍击原料。拍刀主要用于拍松原料，放松原料组织或将较厚的韧性原料拍成更薄的肉片。

适用原料 拍刀适宜加工脆性原料，如大葱、老蒜、鲜姜等。对经过精选的猪、牛、羊各部位的瘦肉、鸡脯肉等韧性原料也适宜使用拍刀法来加工。

技术要求	操作时，拍击原料用力大小要视不同情况具体掌握，以把原料拍松、拍碎或拍薄为度，用力要均匀，一次拍刀未达到目的，可再次行刀拍击。
操作方法	左手将原料放置在墩面上，右手持刀，刀刃朝右，将刀举起用力拍击原料，当刀拍击原料后，顺势向右前方外侧滑动或向后滑动，以便使刀具脱离原料，以免原料被吸附在刀具上。

拍刀演示

实训作业

斩、砍两种刀法对刀具有何特殊要求？若用普通刀具需注意哪些问题？

项目二

平刀法实训

项目导读

平刀法又称批刀法，是指刀与墩面或刀与原料呈平行状态运行的行刀技法。应用于无骨、富有弹性、强韧的原料、柔软的原料或经熟煮柔软的原料，是一种较为精细的刀工。这种刀法可分为：挡料平刀法、上片法、下片法、抖刀法等。

实训任务

项目任务	任务实训编号	任务内容
任务一 挡料平刀法训练	实训	挡料平刀法训练
任务二 上片法训练	实训1	静料上片法训练
	实训2	滚料上片法训练
任务三 下片法训练	实训1	静料下片法训练
	实训2	滚料下片法训练
任务四 抖刀法训练	实训	抖刀法训练

实训方法

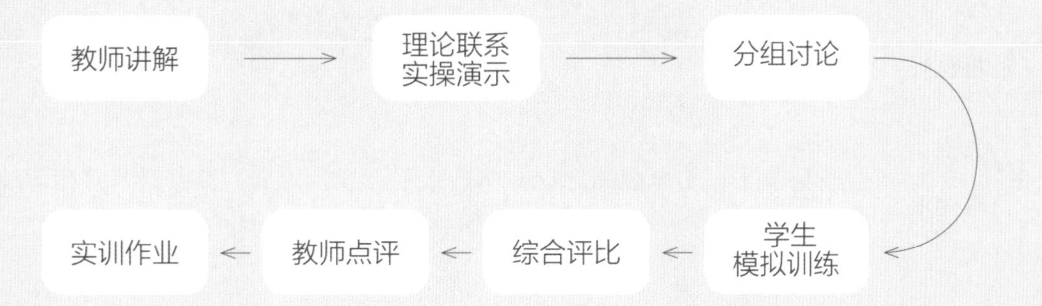

任务一　挡料平刀法训练

任务目标

通过实训能了解挡料平刀法的种类及适用原料，掌握挡料平刀法的加工方法及操作要领，并能根据原料性质特点选择恰当刀法完成烹饪实操。

任务准备

1. 原料

豆腐、火腿肠等质地细嫩的原料。

2. 器具

操作台、砧板、切刀、毛巾、盆、盘等。

3. 场地

刀工演示室或刀工实训室。

实训任务

挡料平刀法演示

实训　挡料平刀法训练

知识要点	这种刀法操作时要求刀膛与墩面或刀膛与原料平行，左手伸直，用手指或手掌抵住原料的左侧，右手将刀端平，刀作水平直线运动，将原料一层层地片（批）开。应用这种刀法主要是将原料加工成片的形状。在片的基础上，再运用其他刀法加工成丁、粒、末、丝、条、段、块或其他形状。
适用原料	此法适宜加工固体原料或加工性原料，如豆腐、豆腐干、鸡血、鸭血、猪血、火腿肠等。
技术要求	刀身要端平，不可忽高忽低，保持水平直线片（批）进原料。刀在运动时，下压力要小，不要将原料按得过死，以免将原料挤压变形。

操作方法	平刀直片（批）是将原料放置墩面里侧（靠腹侧一面），左手伸直，用手指或手掌抵住原料的左侧，右手将刀端平，用刀刃的中前部开始片（批）进原料，刀从右向左片（批）进原料。

挡料平刀法演示

任务二　上片法训练

任务目标

通过实训能了解上片法的种类及适用原料，掌握上片法的加工方法及操作要领，并能根据原料性质特点选择恰当刀法完成烹饪实操。

任务准备

1. 原料

土豆、黄瓜、胡萝卜、莴苣、冬笋、鸡肉、鱼肉等质地脆嫩或韧性的原料。

2. 器具

操作台、砧板、切刀、毛巾、盆、盘等。

3. 场地

刀工演示室或刀工实训室。

实训任务

静料上片法演示

实训1 静料上片法训练

知识要点 这种操作方法要求原料保持不动，用左手按稳原料，右手将刀端平，在原料上端起刀片（批）进原料，将原料一层层地片（批）开。

适用原料 上片（批）法适宜加工脆性较强的原料，如土豆、黄瓜、胡萝卜、莴苣等。也可适宜加工韧性较强的原料，如猪肉、鸡肉、鱼肉等。

技术要求 在推片过程中一定要将原料按稳，防止滑动，刀锋片（批）进原料之后，左手施加向下压力，将原料按实，便于行刀，也便于提高片的质量。刀在运行时用力要充分，尽可能将原料一刀片开，如果一刀未断开，可连续推片（批）直至原料完全片（批）开为止。

操作方法 将原料放置在墩面里侧，距离墩面约3cm处，左手扶按原料，用手掌作为支撑点，根据手指的测量或目测的情况，用右手持刀，将刀刃的中前部对准原料上端被片（批）位置，刀从右向左片（批）进原料，片（批）开之后用手按住原料，将刀移至原料的右端，将刀抽出，脱离原料，用食指、中指、无名指托住原料翻转，将片好的片翻到左手的三个手指上，紧接着翻起左手掌，将片好的片放置在墩面上，随即将手翻回（手背向上），将片（批）下的原料贴在墩面上，并将片摊平放置在墩面上，为下一步的操作提供方便，如此反复进行，直至片完为止。

静料上片法演示

实训2 滚料上片法训练

滚料上片法演示

知识要点	滚料片又称旋料片，可分为滚料上片法和滚料下片法。滚料上片法操作时要求刀膛与墩面平行，刀从原料上端片入，从右向左运动，同时原料向右不断滚动，片（批）下原料。应用这种刀法主要是将圆形或圆柱形的原料加工成较大的片。
适用原料	滚料上片法适宜加工圆柱形脆性原料，如黄瓜、胡萝卜、竹笋等。
技术要求	刀要端平，不可忽高忽低，否则容易将原料中途片（批）断，影响成品质量和规格，刀推进的速度与原料滚动的速度应保持一致。
操作方法	将原料放置在墩面里侧，左手扶稳原料，右手持刀与墩面或原料平行，用刀刃的中前部位对准原料被片（批）的位置，并将刀锋片进原料，左手向右推动原料，使原料慢慢地转动，右手持刀随着原料的滚动也推拉向左同步运行，逐渐地将原料片开，刀具在原料中如此反复运行，直至将原料表皮全部批下或加工至所需要大小的片为止。

滚料上片法演示

任务三　下片法训练

任务目标

通过实训能了解下片法的种类及适用原料，掌握下片法的加工方法及操作要领，并能根据原料性质特点选择恰当刀法完成烹饪实操。

任务准备

1. 原料

土豆、黄瓜、胡萝卜、冬笋、鸡肉、鱼肉等质地脆嫩或韧性的原料。

2. 器具

操作台、砧板、切刀、毛巾、盆、盘等。

3. 场地

刀工演示室或刀工实训室。

实训任务

静料下片法演示

实训1 静料下片法训练

知识要点	这种操作方法要求原料保持不动，用左手按稳原料，右手将刀端平，在原料下端起刀片（批）进原料，将原料一层层地片（批）开。
适用原料	下片（批）法适宜加工韧性较强的原料，如五花肉、坐臀肉、颈肉、肥肉等。
技术要求	在推片过程中一定要将原料按稳，防止滑动，刀锋片（批）进原料之后，左手施加向下压力，将原料按实，便于行刀，也便于提高片的质量。刀在运行时用力要充分，尽可能将原料一刀片开，如果一刀未断开，可连续推片（批）直至原料完全片（批）开为止。
操作方法	将原料放置墩面右侧，以便于刀具的进入，左手扶按原料，右手持刀，并将刀端平，放于原料的下端，用刀刃的前部对准原料被片（批）的位置，并根据目测厚度将刀锋片进原料内部，用力推片（批），使原料移至刀刃的中后部位，片（批）开原料，随即将刀向右后方抽出，片好的片留在墩面上，其余原料仍托在刀膛上，用刀刃前部将片（批）下的原料一端挑起，左手随之将原料拿起，再将片（批）下的原料放置在墩面上，并用刀的前端压住原料一边，将片好的片放置在墩面上，用左手四个手指按住原料，随即将手指分开，摊平原料，将原料舒平展开，并使原料紧附在墩面上，方便下一步操作，如此反复推片（批）。

静料下片法演示

实训2 滚料下片法训练

滚料下片法演示

知识要点	滚料下片法操作时要求刀膛与墩面平行，刀从原料下端片入，从右向左运动，同时原料向左不断滚动，片（批）下原料。应用这种刀法主要是将圆形或圆柱形的原料加工成较大的片。
适用原料	滚料下片法适宜加工圆形、锥形或多边形的韧性较弱的原料，如鸡心、鸭心、肉段、肉块等。
技术要求	在操作过程中，刀膛与墩面始终应保持平行，刀刃在运行时不可忽高忽低，否则会影响成形规格和质量，原料滚动的速度应与刀运行的速度一致。
操作方法	将原料放置在墩面里侧，左手扶稳原料，右手持刀端平，用刀刃的中部对准原料被片（批）的部位，根据需要的厚度将刀锋片进原料内部，用左手的四个手指慢慢拉动原料，使原料慢慢地向左边滚动，右手持刀也随之向左慢慢片（批）进，刀具在原料内按照此法反复进行，直至将原料完全片（批）开，或加工成需要的规格。

滚料下片法演示

任务四　抖刀法训练

任务目标

通过实训能了解抖刀法所适用原料，掌握抖刀法的加工方法及操作要领，并能根据原料性质特点选择恰当刀法完成烹饪实操。

任务准备

1. 原料

黄白蛋糕、豆腐干、松花蛋等固体性原料或莴苣、胡萝卜等脆性原料。

2. 器具

操作台、砧板、切刀、毛巾、盆、盘等。

3. 场地

刀工演示室或刀工实训室。

实训任务

实训　抖刀法训练

抖刀法演示

知识要点	这种刀法操作时要求刀膛与墩面或原料保持平行，刀刃不断作波浪式抖动，将原料一层层片（批）开。抖刀片主要是将原料加工成锯齿形的片状，在锯齿片形状的基础上，再运用其他刀法，可加工成齿牙条、齿牙丝、齿牙段、齿牙块等形状。
适用原料	这种刀法适宜加工固体性原料，如黄白蛋糕、豆腐干、松花蛋等。对脆性原料，如莴苣、胡萝卜等也可加工。
技术要求	刀在上下抖动时，上下抖刀不可忽高忽低，刀纹的深度和刀距要相等。
操作方法	将原料放置在墩面的右侧，用左手扶稳原料，右手持刀端平并且使刀膛与墩面也平行，用刀刃上下抖动，逐渐片（批）进原料，直至将原料片（批）开为止。

抖刀法演示

实训作业

运用不同的平刀法将土豆加工成片，探寻不同土豆片之间的区别与原因。

项目三

斜刀法实训

项目导读

斜刀法是一种刀与墩面或刀与原料之间呈大于0° 且小于90° 或大于90° 且小于180° 的一个斜角，左手扶稳原料，右手持刀，使刀在原料中作倾斜运动，将原料片（批）开的一种行刀技法，主要用于将原料加工成片的形状。

这种刀法按照刀具与墩面或原料所呈的角度可以分为正斜刀法和反斜刀法两种方法。

按照刀在原料中的运行方向可将斜刀法分为斜刀拉片和斜刀推片两种方法。

实训任务

项目任务	任务实训编号	任务内容
任务一 正斜刀法训练	实训	正斜刀法训练
任务二 反斜刀法训练	实训	反斜刀法训练

实训方法

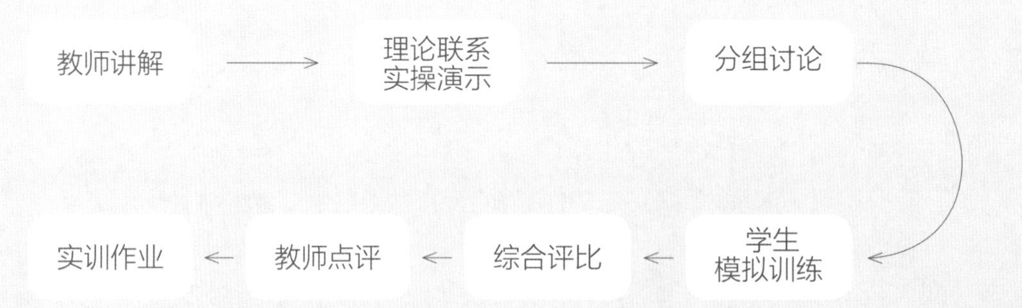

任务一　正斜刀法训练

任务目标

通过实训能了解正斜刀法的定义及适用原料，掌握正斜刀法的加工方法及操作要领，并能根据原料性质特点选择恰当刀法完成烹饪实操。

任务准备

1. 原料

净鱼肉、白菜帮。

2. 器具

操作台、砧板、切刀、毛巾、盆、盘等。

3. 场地

刀工演示室或刀工实训室。

实训任务

正斜刀法演示

实训　正斜刀法训练

知识要点	这种刀法也称斜刀拉片法，在操作时要求将刀身倾斜，刀背朝右前方，刀刃从后向前的方向拉动，将原料片（批）开。
适用原料	斜刀拉片适宜加工各种韧性原料，如腰子、净鱼肉、大虾肉、猪牛羊肉等；对白菜帮、油菜帮、扁豆等也可用此法加工。
技术要求	刀在运动过程中，刀膛要紧贴原料，避免原料粘走或滑动，刀身的倾斜度要根据原料成形的规格要求灵活调整。每片（批）一刀以后，刀与左手同时移动一次，并保持刀距相等。

操作方法	将原料放置在墩面左侧，左手四指伸直扶稳原料，右手持刀，按照目测的厚度，沿着一定的斜度片进原料，用刀刃的中前部对准原料被片（批）部位，随着左手的控制将刀锋片进原料内部，从刀的中前部向后拉动，将原料片（批）开，原料断开后，随即将左手四指微弓，通过摩擦力带动片（批）开的原料向左后方移动，使原料离开刀具。如此反复进行，直至将原料片完为止。

正斜刀法演示

实训作业

用正斜刀法将鸡脯肉切片。

任务二　反斜刀法训练

任务目标

通过实训能了解反斜刀法的定义及适用原料，掌握反斜刀法的加工方法及操作要领，并能根据原料性质选择恰当刀法完成烹饪实操。

任务准备

1. 原料

芹菜。

2. 器具

操作台、砧板、切刀、毛巾、盆、盘等。

3. 场地

刀工演示室或刀工实训室。

实训任务

反斜刀法演示

实训 反斜刀法训练

知识要点

这种刀法也称斜刀推片，在操作时要求将刀身倾斜，刀背朝左后方，刀刃从前向后的方向推动，将原料片开。在具体操作时，由于原料和墩面之间的摩擦力不大好控制，往往采用反斜刀的方法来推片（批）。这种刀法操作时要求刀身倾斜，刀背朝左后方，刀刃自左后方向右前方运动。应用这种刀法主要是将原料加工成片、段等形状。

适用原料

斜刀推片适宜加工脆性原料，如芹菜、白菜等，对熟猪肚等软性原料也可用这种刀法加工。

技术要求

在操作过程中，刀膛要紧贴左手关节，每片（批）一刀，左手与刀都要向左后方同时移动一次，并保持刀距一致。刀身倾斜角度，应根据原料成形的规格作灵活调整。

操作方法

左手扶按原料，中指第一关节微曲顶住刀膛，右手持刀，先按照正斜刀的持刀方法将刀拿起，然后将刀具翻转，使刀口向外，刀身倾斜，用刀刃的中前部对准原料被片（批）的部位，按照目测和指法测量的厚度，将刀锋按照一定的斜度进入原料，从刀的左前方向右后方运行，使原料断开，如此反复进行，直至将原料批完为止。

反斜刀法演示

实训作业

用反斜刀法将熟猪肚切片。

项目四

剞刀法实训

项目导读

剞刀法又称混合刀法，是指刀在原料表面或内部作垂直、倾斜等不同方向的运行，并在原料上切成或片成横竖交叉、深而不断的刀纹，使原料在受热时发生卷曲、变形而形成不同花形的一种行刀技法。这种刀法比较复杂，主要把原料加工成各种造型美观、形象逼真（如麦穗形、松果形、灯笼形等）的形状。用这种刀法制作出的美味佳肴，能给人以美好的艺术享受，并为整桌酒席增添气氛。

这种刀法按照刀的运动方向可分为直刀剞、斜刀推剞、斜刀拉剞等刀法。

实训任务

项目任务	任务实训编号	任务内容
任务一 直刀剞法训练	实训1	直刀剞训练
	实训2	直刀推剞训练
任务二 斜刀剞法训练	实训1	斜刀推剞训练
	实训2	斜刀拉剞训练

实训方法

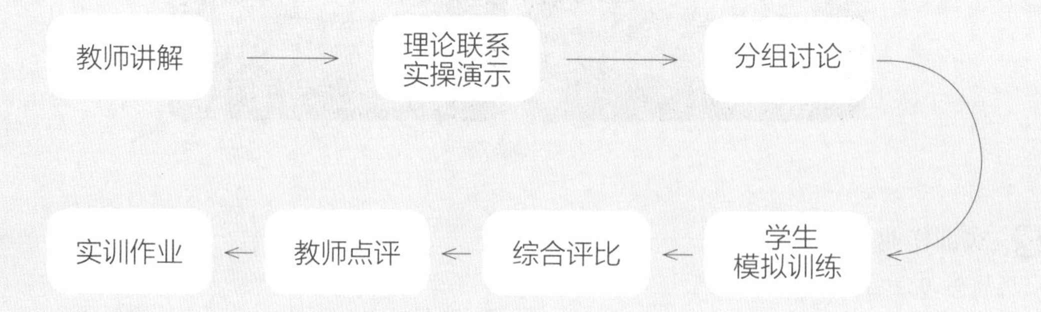

任务一　直刀剞法训练

任务目标

通过实训能了解直刀剞刀法的定义及适用原料，掌握直刀剞刀法的加工方法及操作要领，并能根据原料性质选择恰当刀法完成烹饪实操。

任务准备

1. 原料

鱿鱼、猪腰。

2. 器具

操作台、砧板、切刀、毛巾、盆、盘等。

3. 场地

刀工演示室或刀工实训室。

实训任务

实训1　直刀剞训练

直刀剞演示

知识要点	直刀剞与直刀切相似，只是刀在运行时不能完全将原料断开。根据原料成形的规格要求，刀运行到一定深度时即要停刀，在原料上切成直线刀纹，也可结合运用其他刀法加工出蓑衣黄瓜、齿边萝卜条、鱼鳃腰片等各种形状。
适用原料	适宜加工脆性原料（如黄瓜、冬笋、胡萝卜、莴苣等）和质地较嫩的韧性原料（如腰子、鱿鱼等）。
技术要求	左手扶料要稳，运用指法从右前方向左后方移动，保持刀距均匀，控制好进刀深度，做到深浅一致。
操作方法	右手持刀，左手扶稳原料，中指第一关节弯曲处顶住刀膛，用刀刃中前部位对准原料被切的部位，刀在原料中作自上而下的垂直运行，当刀剞到一定深度（如原料厚度的3/4或4/5）时停止运行，如此反复进行，直至将原料完全剞完为止。

直刀剞演示

实训2 直刀推剞训练

直刀推剞演示

知识要点

直刀推剞与推刀切相似，只是刀在运行时不将原料完全断开，留有一定的余地，根据原料成形的规格要求，刀在原料内运行到一定深度的时候要立即停刀，在原料上剞上直线刀纹，也可结合并运用其他刀法加工出荔枝形、麦穗形、菊花形等造型美观、形象逼真的各种料形。

直刀拉剞往往不容易掌握下刀的深度，一般不单独使用。在日常工作和生产中，经常把直刀拉剞和直刀推剞结合起来使用，作为一种协调动作。

适用原料

这种刀法适宜加工各种韧性原料，如腰子、猪肚、净鱼肉、通脊肉、鱿鱼、肝脏、墨鱼等，也可用于加工一些脆性的原料如萝卜、冬瓜等。

技术要求

操作过程中要使刀锋与墩面或原料始终保持垂直，控制好进刀深度，做到深浅一致；每剞一刀，左手和刀具都要移动一次，在移动过程中要灵活运用指法从右向左均匀移动，使刀距相等。

操作方法

左手扶稳原料，中指第一关节弯曲呈弓形，顶住刀膛，右手持刀，用刀刃的中前部对准原料被剞的部位，根据特定料行的需要，控制好刀距，并使刀自前向后运行，当刀纹剞到原料中一定深度（4/5）的时候便停止运行，然后将刀收回，按照上述方法再次行刀推剞。如此反复进行，直至将原料剞到头并达到加工要求为止。

直刀推剞演示

任务二　斜刀剞法训练

任务目标

通过实训能了解斜刀剞刀法的定义及适用原料，掌握斜刀剞刀法的加工方法及操作要领，并能根据原料性质选择恰当刀法完成烹饪实操。

任务准备

1. 原料

鱿鱼、猪腰、鸡胗、墨鱼等。

2. 器具

操作台、砧板、切刀、毛巾、盆、盘等。

3. 场地

刀工演示室或刀工实训室。

实训任务

实训1 斜刀推剞训练

斜刀推剞演示

知识要点

斜刀推剞与斜刀推片（批）非常相似，只是刀在运行时不完全将原料断开，根据原料成形的规格要求，刀运行到一定深度时停刀，在原料表面剞上斜线刀纹，也可结合并运用其他刀法加工出如麦穗形、蓑衣形、松果形、菊花形等多种造型美观的料形。

这种剞刀方法经常适用于一些比较薄的原料，利用斜刀推剞，可以增加刀纹的长度，能够充分地展现出刀纹。

适用原料	斜刀推剞适宜加工各种韧性原料，如腰子、鱿鱼、通脊肉、鸡鸭胗、猪肚、墨鱼等。

技术要求	在剞刀的过程中，刀与墩面或原料的倾斜角度及剞刀的深度，要始终保持一致，而且刀距也要相等，才能保证所剞花刀造型美观，卷曲充分且均匀。

操作方法	左手扶稳原料，中指第一关节微弓，紧贴刀膛，右手持刀呈一定的倾斜度，用刀刃中前部对准原料被剖的部位，根据特定料形的需要，用眼睛目测好刀具，并使刀具自前向后平行运行，直至刀锋剞进原料中一定的深度时，停止运刀，然后将刀取回，再沿用此法反复运行斜刀推剞，直至剞到原料的另一头并达到加工要求为止。

斜刀推剞演示

实训2 斜刀拉剞训练

斜刀拉剞演示

知识要点	斜刀拉剞与斜刀拉片（批）非常相似，只是刀在原料运行时也不完全将原料断开。根据原料成形的规格要求，刀在原料中运行到一定深度时便停刀，在原料表面剞上斜线刀纹，此法也可结合其他刀法综合运用加工出多种美丽的形态，如麦穗、灯笼、锯齿、鸡冠、梳子、鱼鳃等。

适用原料	适宜加工各类韧性的原料，如腰子、鱿鱼、墨鱼、通脊肉、净鱼肉等，对于一些质地脆嫩的原料如萝卜、黄瓜等也可以使用此剞刀方法。

技术要求	在操作过程中，应该使刀与墩面或原料的倾斜度始终保持一致，同时还要使剞刀深度一样、刀距相等，另外刀膛还要紧贴原料运行，防止原料滑动。

操作方法	左手四指自然张开扶稳原料被剞的一边，右手持刀，根据特定花刀的需要，目测好刀距，将刀具倾斜一定的角度并用刀刃的中后部对准原料被剞的部位，刀在原料中按照一定的倾斜度自后向前运行，当刀锋在原料中运行到一定深度时即停止运行，然后把刀抽出，再沿用此法反复进行斜刀拉剞，直至剞到原料的另一边并达到成形规格为止。

斜刀拉剞演示

实训作业

用鱿鱼剞一种花刀。

实训评价标准

一、直刀法评价标准

指标 / 分数 / 项目	刀法正确	原料形状整齐均匀	刀工姿势正确自然	安全卫生	节约	合计
标准分（百分制）	25	25	25	15	10	100
扣分						
实得分						

二、平刀法评价标准

项目 \ 分数 \ 指标	刀法正确	原料形状整齐均匀	刀工姿势正确自然	安全卫生	节约	合计
标准分（百分制）	25	25	25	15	10	100
扣分						
实得分						

三、斜刀法评价标准

项目 \ 分数 \ 指标	刀法正确	原料形状整齐均匀	刀工姿势正确自然	安全卫生	节约	合计
标准分（百分制）	25	25	25	15	10	100
扣分						
实得分						

四、剞刀法评价标准

项目 \ 分数 \ 指标	刀法正确	原料形状整齐均匀	刀工姿势正确自然	安全卫生	节约	合计
标准分（百分制）	25	25	25	15	10	100
扣分						
实得分						

模块三

刀法工艺实训

实训目标

原料的刀工成形是指运用各种不同的刀具与刀法，将烹饪原料加工成形态各异、造型美观、便于烹调和食用的几何形状。菜肴原料的形状大体上可分为基本料形与花刀工艺两大类，根据刀法使用的不同，每种料形又可细分为若干小类。

实训内容

项目一　基本料形的刀工工艺实训

项目二　花刀工艺实训

项目三　整料出骨实训

项目一

基本料形的刀工工艺实训

项目导读

基本料形是指构成菜肴的各种基本形状，如块、段、片、条、丝、丁、粒、末、蓉、泥等，基本料形加工方法相对简单、易于操作，大多数是运用切、剁、砍、片等刀法，将原料从大到小、由粗到细、由厚到薄的一个加工过程。

实训任务

项目任务	任务实训编号	任务内容
任务 不同料形的刀工工艺实训	实训1	片的成形
	实训2	丝的成形
	实训3	条的成形
	实训4	段的成形
	实训5	块的成形
	实训6	丁的成形
	实训7	粒的成形
	实训8	末的成形
	实训9	蓉（泥）的成形

实训方法

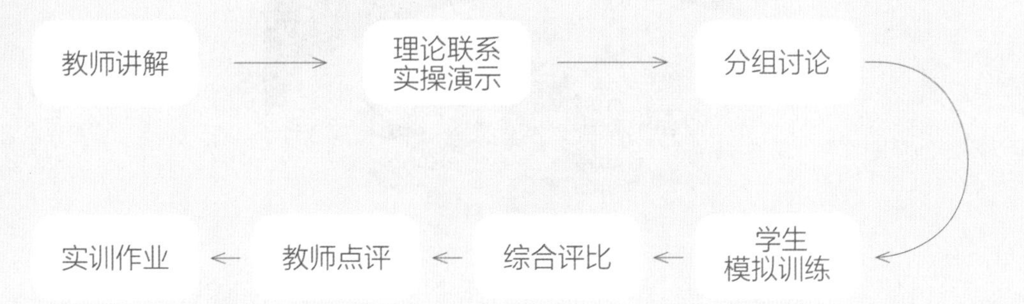

任务　不同料形的刀工工艺实训

任务目标

通过实训能了解不同料形的加工方法和规格要求，掌握不同料形加工的操作要领，并能根据原料性质特点和成菜要求选择恰当刀法完成不同料形的加工。

任务准备

1. 原料

土豆、茄子、白萝卜、猪里脊肉、莴苣、胡萝卜、生姜、方形火腿、蒜子等。

2. 器具

不锈钢操作台、砧板、菜刀、毛巾、不锈钢菜盆、平盘、汤碗、垃圾盒等。

3. 场地

刀工演示室或刀工实训室。

实训任务

实训1 片的成形

片的成形演示

片的概念	片具有扁薄平面结构的料形特点，是烹调中应用最多的一种基本料形。
知识要点	片采用的成形刀法一般为直刀法、斜刀法或平刀法，有的片则需要混合刀法，如齿轮月牙片，即先将原料斜修成半圆形，并在表面剞上齿轮花刀，最后用直刀法切成齿轮月牙片。

各种片

成形规格	片的厚度为0.1～0.8cm不等。
适用原料	脆性原料、韧性原料、质地较松软或软嫩的原料皆可加工成片状。
用途举例	适用于黄瓜炒肉片、大烩墨鱼片、茄夹等菜品制作。
加工要求	质地较硬或带有韧性、脆性的原料，在加工片时要稍薄一些；质地松软或软嫩易碎的原料，加工成片时要稍厚一些，很多动物性原料由于料形不规则，加工时很难形成统一规格的片状，对于这种情况在成形时尽量保持肉片的面积相近、厚度一致为宜。

实训演示

1. 长方片的成形

成形规格　长度为3cm，宽、厚度一般为1.5cm×0.3cm。

适用原料　适用于呈柱形、圆筒形、方块形的原料，其形状偏大，如黄瓜、莴苣、萝卜、火腿肠、土豆等。

加工过程

长方片1　长方片2　长方片3

长方片4　长方片5　长方片6

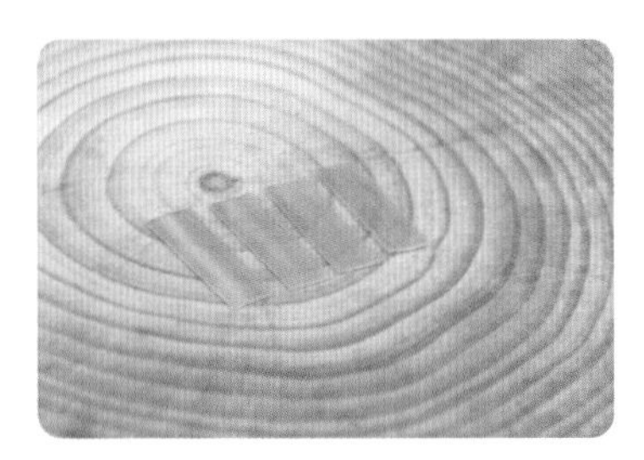

长方片成形

2. 指甲片的成形

成形规格　长、宽约为1.5cm、厚度一般为0.2cm。

适用原料　适用于菜肴的辅料、配料，其原料本身形状偏小，如生姜等。

加工过程

指甲片1　指甲片2　指甲片3

指甲片4　指甲片5　指甲片6

指甲片成形

3. 菱形片的成形

成形规格　长为1.5～3cm，厚度为0.2cm或0.3cm。

适用原料　适用于黄瓜、土豆、萝卜、山药等脆性植物类原料，或火腿、豆腐、蛋皮等原料。

加工过程

菱形片1

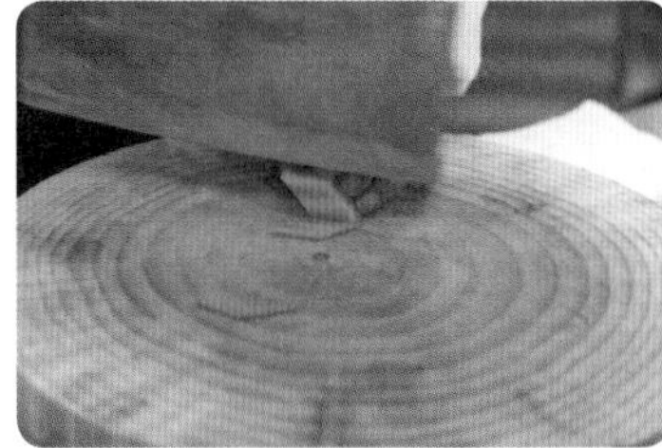
菱形片2

菱形片3

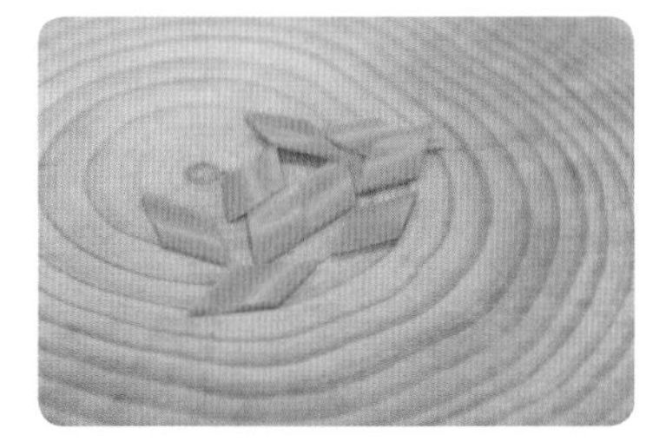
菱形片成形

4. 夹刀片的成形

成形规格　长为4.5cm，宽、厚度为2.5cm × 0.3cm。

适用原料　黄瓜、萝卜、茄子、莲藕、鱼肉等。

加工过程

夹刀片1

夹刀片2

夹刀片3

夹刀片4

夹刀片5

夹刀片6

夹刀片7

夹刀片8

夹刀片成形

5. 月牙片的成形

成形规格　直径为4～4.5cm，宽、厚度为2cm×0.4cm。

适用原料　黄瓜、胡萝卜、茄子、莲藕、莴苣、丝瓜等。

加工过程

月牙片1

月牙片2

月牙片3

月牙片4

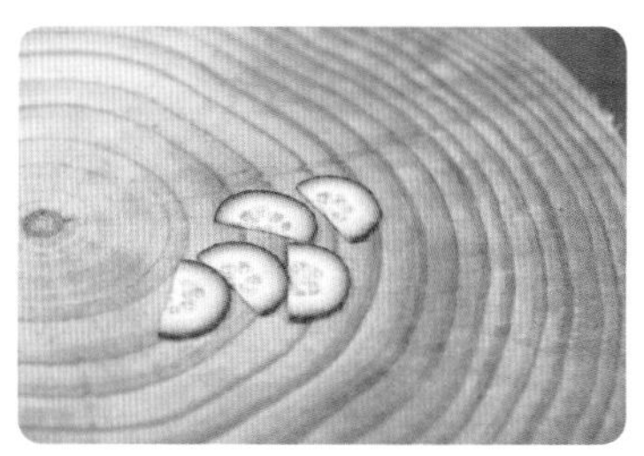
月牙片5

月牙片成形

6. 抹刀片的成形

成形规格　长约4cm，宽、厚度为2.5cm×0.4cm。

适用原料　薄而长的原料，如鱼肉、黄瓜、西芹、腐竹、猪肚、香菇等。

加工过程

抹刀片1

抹刀片2

抹刀片3

抹刀片4

抹刀片5

抹刀片成形

实训2 丝的成形

丝的成形演示（头粗丝）

丝的成形演示（中粗丝、细丝、银针丝）

丝的概念	丝是指将薄片形原料切成细长的形状，丝是菜肴原料中体积较小，是最能体现刀工的一种形状。
知识要点	丝呈细条状，它是运用片（批）、切等刀法加工而成的。在切成丝以前，先将原料片（批）成大薄片，再切成丝状。
成形规格	先将原料切片后排成瓦楞形，然后再切成丝。烹饪行业中，有“竖切猪、斜切鸡、横斜牛羊”的俗语，意思是根据原料的质地与结构，选择是顺着纤维切还是横着纤维切；丝的长度一般为5～8cm，头粗丝直径约0.4cm，中粗丝直径约0.3cm，细丝直径约0.2cm，银针丝直径约0.1cm以下。
适用原料	无骨的动物性原料、脆嫩性植物性原料及少部分软性原料。
用途举例	适用于五彩鱼丝、青椒肉丝、酸辣土豆丝、银牙里脊丝等各种丝状菜肴制作。
加工要求	质地韧而坚的原料，可以加工得细一些；质地松软的原料，可以稍粗一些。如土豆丝一般切细丝，猪里脊肉一般切中粗丝，滑熘的丝应偏细，用于干煸、清炒的丝偏粗。丝的粗细，取决于片的厚度，丝一般采用直刀，也有先片后切的混合刀法应用。

实训演示

1. 头粗丝的成形

成形规格　长度5～8cm，宽、厚度0.4cm×0.4cm。

适用原料　收缩率大或易碎、易断的原料，如胡萝卜丝、鱼丝。

加工过程

头粗丝1

头粗丝2

头粗丝3

头粗丝成形

2. 中粗丝的成形

成形规格　长度5～8cm，宽、厚度0.3cm×0.3cm。

适用原料　收缩率较小，具有一定韧性的原料，如猪里脊肉、牛肉、鸡脯肉等。

加工过程

中粗丝1

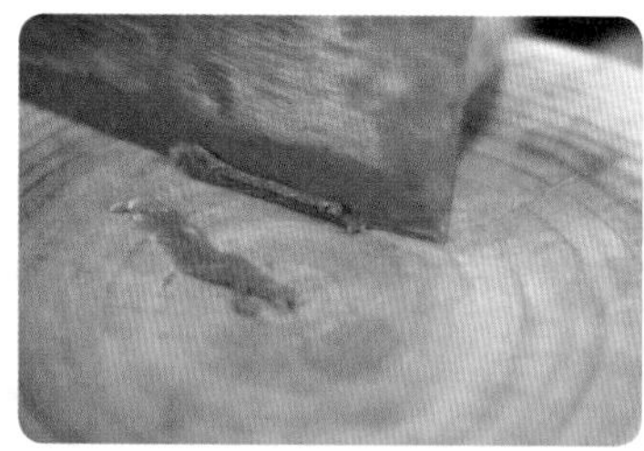

中粗丝2

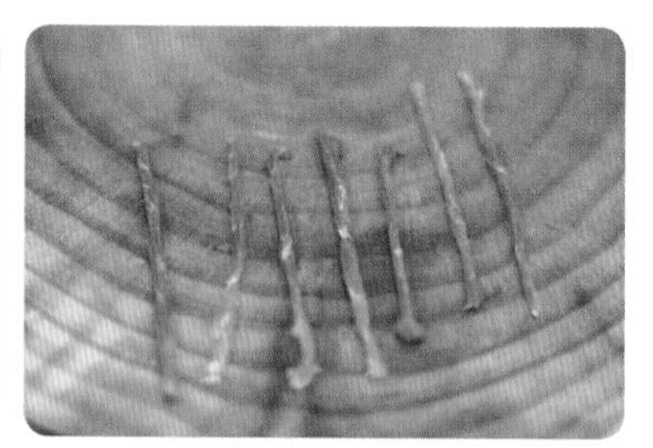

中粗丝成形

3. 细丝的成形

成形规格　长度5～8cm，宽、厚度0.2cm×0.2cm。

适用原料　富含植物纤维素的脆嫩性原料，如莴苣、青椒、土豆、萝卜、黄瓜等。

加工过程

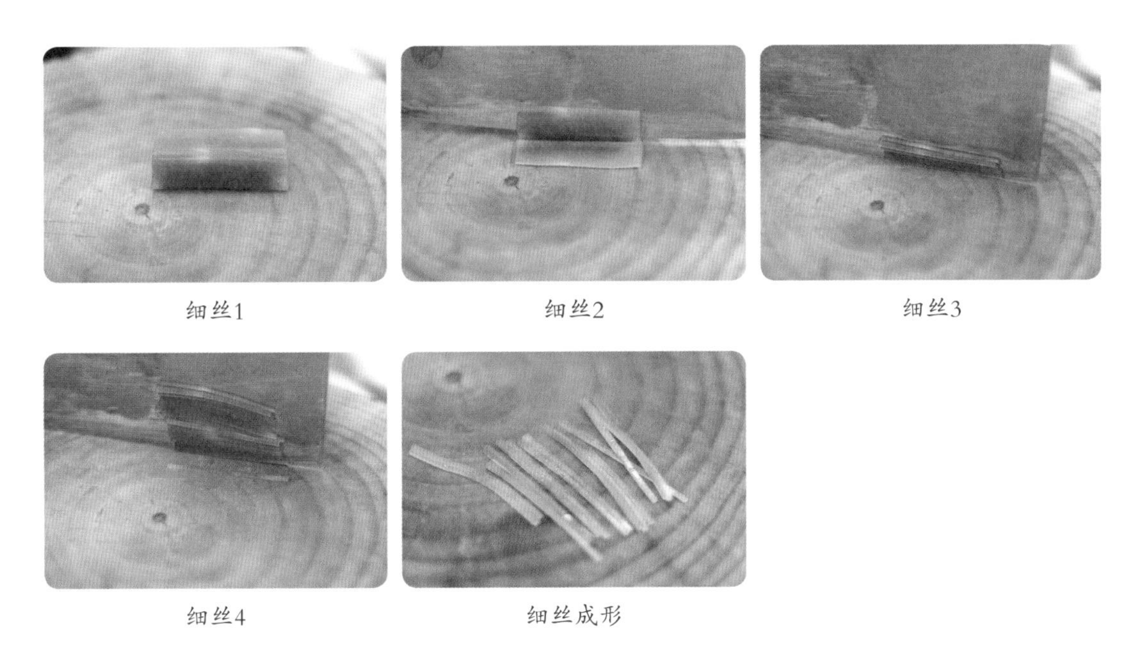

细丝1　细丝2　细丝3

细丝4　细丝成形

4. 银针丝的成形

成形规格　长度5～8cm，宽、厚度0.1cm×0.1cm。

适用原料　富含植物纤维素的脆嫩性原料，如生姜、辣椒、土豆、萝卜、黄瓜、菜叶等。

加工过程

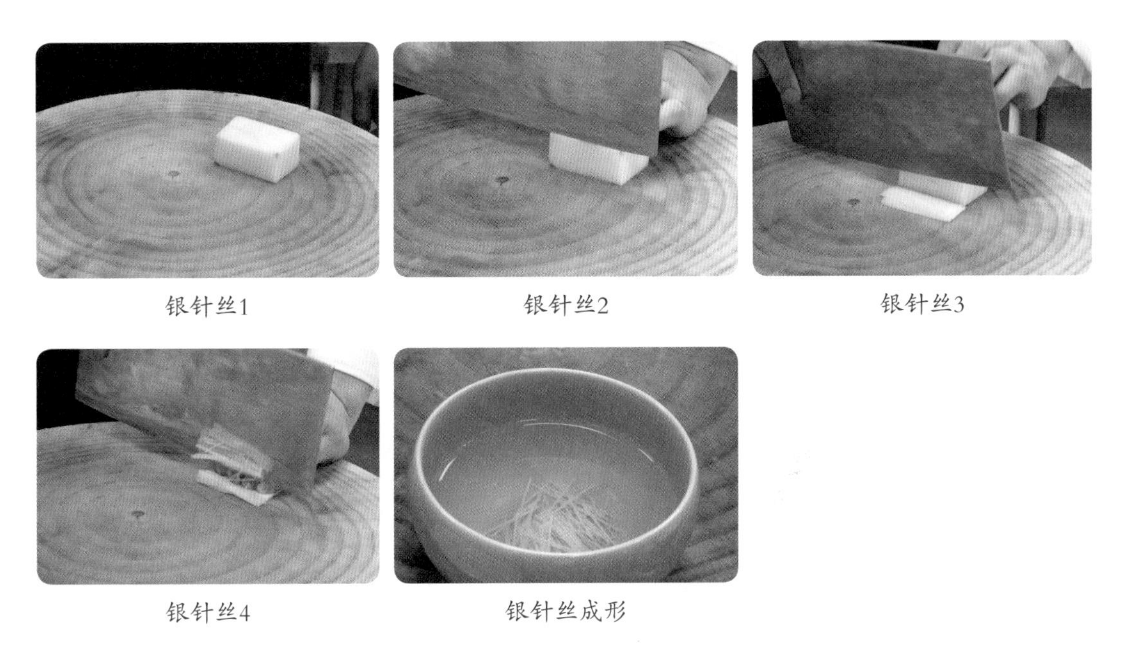

银针丝1　银针丝2　银针丝3

银针丝4　银针丝成形

实训3 条的成形

条的成形演示

条的概念	一般将宽为0.5～1cm的细长料形称为条。
知识要点	条比丝粗，条状一般适用于动物性原料或植物性原料，其成形方法一般是将原料先片或切成厚片，再改刀成条，条的粗细取决于片的厚薄，条的两头应呈正方形。按条的粗细长短一般可分为粗条（手指条）、细条（筷子条）等。
成形规格	条的长度一般为3.5～4cm，粗条宽、厚度为1.5cm，细条宽、厚度为0.4cm×1cm。
适用原料	韧性原料、脆性原料、软性原料均可。
用途举例	适用于炸薯条、干烹鱼条、凉拌黄瓜条、干炸里脊条等菜肴制作。
加工要求	条的粗细、长短要根据原料的质地与烹调方法来确定，韧性原料应切得细些；脆性原料、软性原料应切得粗一些；用于烧、煨的应切得粗一些，用于滑炒、滑熘的应切得细一些。

实训演示

1. 粗条的成形

成形规格　长度3.5～4cm，宽、厚度1～1.5cm。

适用原料　原料适用范围较广，以动物性原料、根茎类植物性原料为主，还有豆腐、香干、火腿等。

加工过程

粗条1

粗条2

粗条3

粗条4

粗条5

粗条成形

2. 细条的成形

成形规格　长度3.5～5cm，宽、厚度0.4cm×1cm。

适用原料　原料适用范围较广，以土豆等根茎类植物性原料为主，还有豆腐、香干、火腿等。

加工过程

细条1

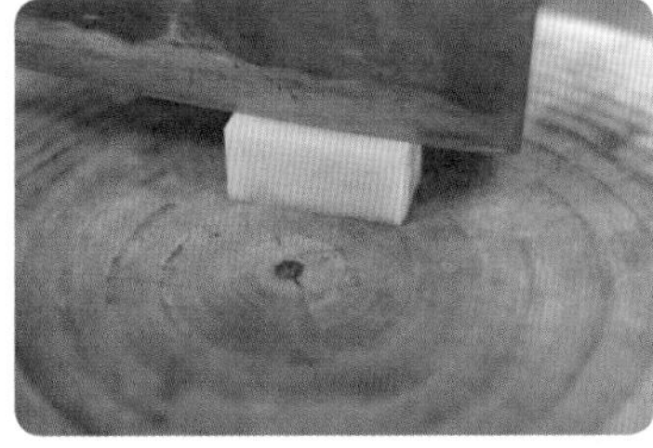
细条2

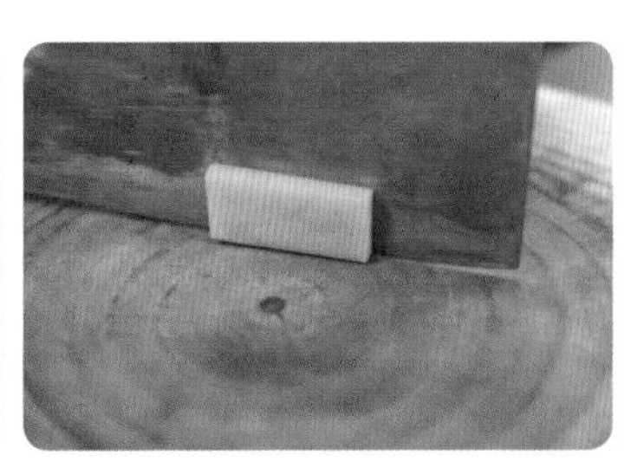
细条3

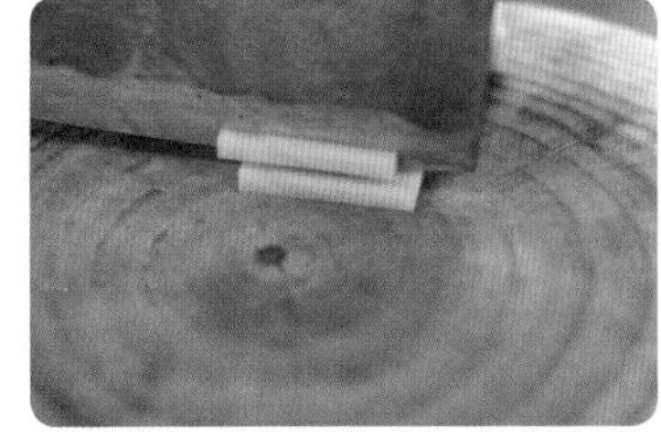
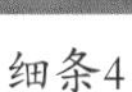
细条4

细条成形

实训4 段的成形

段的成形演示

段的概念　将原料横截成自然小节或断开则称为段。

知识要点　段和条形状相似，段往往比条短一些，但是会保持原料本身的宽度，加工段状原料时，一般采用直刀法中的直切或推切方法，带骨的原料采用剁的方法。

成形规格	粗段宽1～2cm，长约3.5cm；细段直径约0.8cm，长约3cm。切成的段应以“寸”为度，行业里有“寸段”之称。
适用原料	韧性原料、脆性原料或带骨的原料。
用途举例	适用于制作黄焖鳝鱼、红烧腐竹等，部分植物性配料，如葱段、蒜叶段。
加工要求	脆性原料应加工得细一些，一般不出“寸”；韧性原料应加工得粗一些，长一些；带骨的鱼段则应加工得更长一些（如红烧中段），但需要在原料表面剞上刀纹，以便于成熟和入味。对于段的长短没有硬性的要求，可以结合实际，灵活掌握。

实训演示

1. 粗段的成形

成形规格　长约3.5cm，宽1cm。

适用原料　呈长而扁平形原料，如鳝鱼、排骨、腐竹等。

加工过程

粗段1

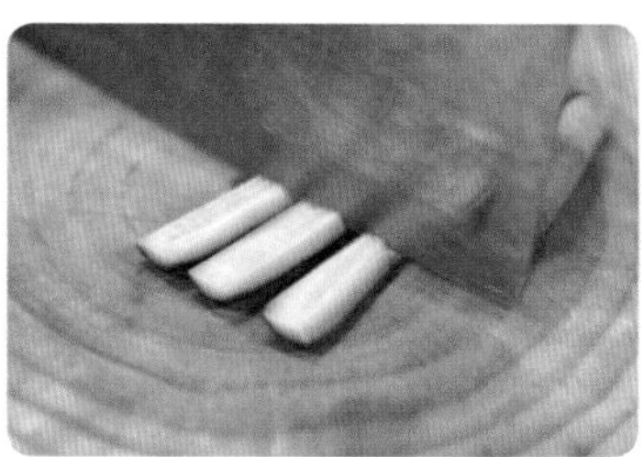

粗段2

粗段成形

2. 细段的成形

成形规格　长约3cm，宽0.5～1cm。

适用原料　呈长而扁平形原料，如大蒜叶、香葱、黄瓜、莲藕等。

加工过程

细段1

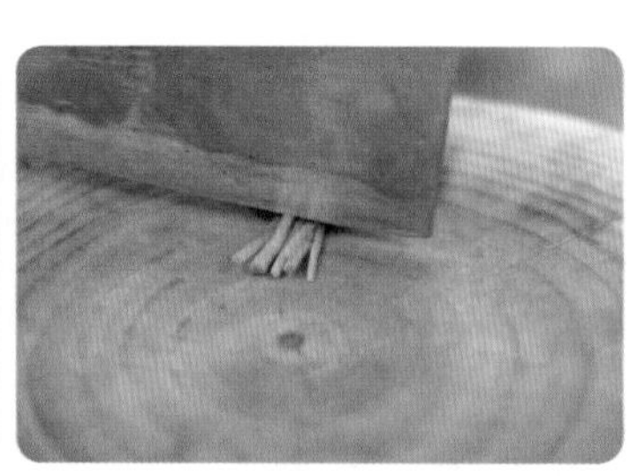

细段2

细段成形

实训5 块的成形

块的成形演示

块的概念	块是烹饪原料基本料形中较大的一种形状，其原料截面上下，左右边长之间的长度相差很近。
知识要点	正方、长方和其他几何形体，它是运用切、剁、砍（有骨的原料）等方法加工而成的。块一般分为大方块、小方块、骨牌块、滚料块、瓦块、劈柴块、象眼块（菱形块）等。
成形规格	块的形状、大小、薄厚各不相同，规格也不尽相同，形状也没有规则。块的大小应根据烹调和食用的要求灵活掌握。
适用原料	韧性原料、脆性原料、带骨的原料，以及豆腐、猪血等。
用途举例	适用于制作清炖牛肉、茶油蒸瓦块鱼、红烧茄块等菜肴。
加工要求	块状原料的选择是根据烹调的需要及原料的特点来决定的。用于加热时间长的烹调技法，如烧、焖、扒、炖，块的加工成形，需要加工得大一些；用于加热时间短的烹调技法，如滑炒、爆炒、炸等，块的加工成形，需要加工得小一些；带骨的原料应加工得小一些。对于块形较大的原料则应该用刀膛拍松或剞上刀纹，以便于成熟和入味，缩短烹调时间。

实训演示

1. 大方块/小方块的成形

成形规格　大正方块边长超过3.3cm，小正方块边长为2～3.3cm。

适用原料　带骨鸡肉、鱼、南瓜、萝卜、冬瓜、猪肋排骨等。

加工过程

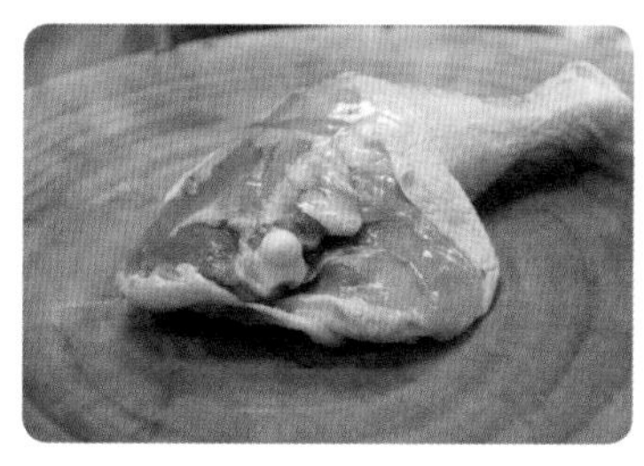
大方块1

大方块2

大方块3

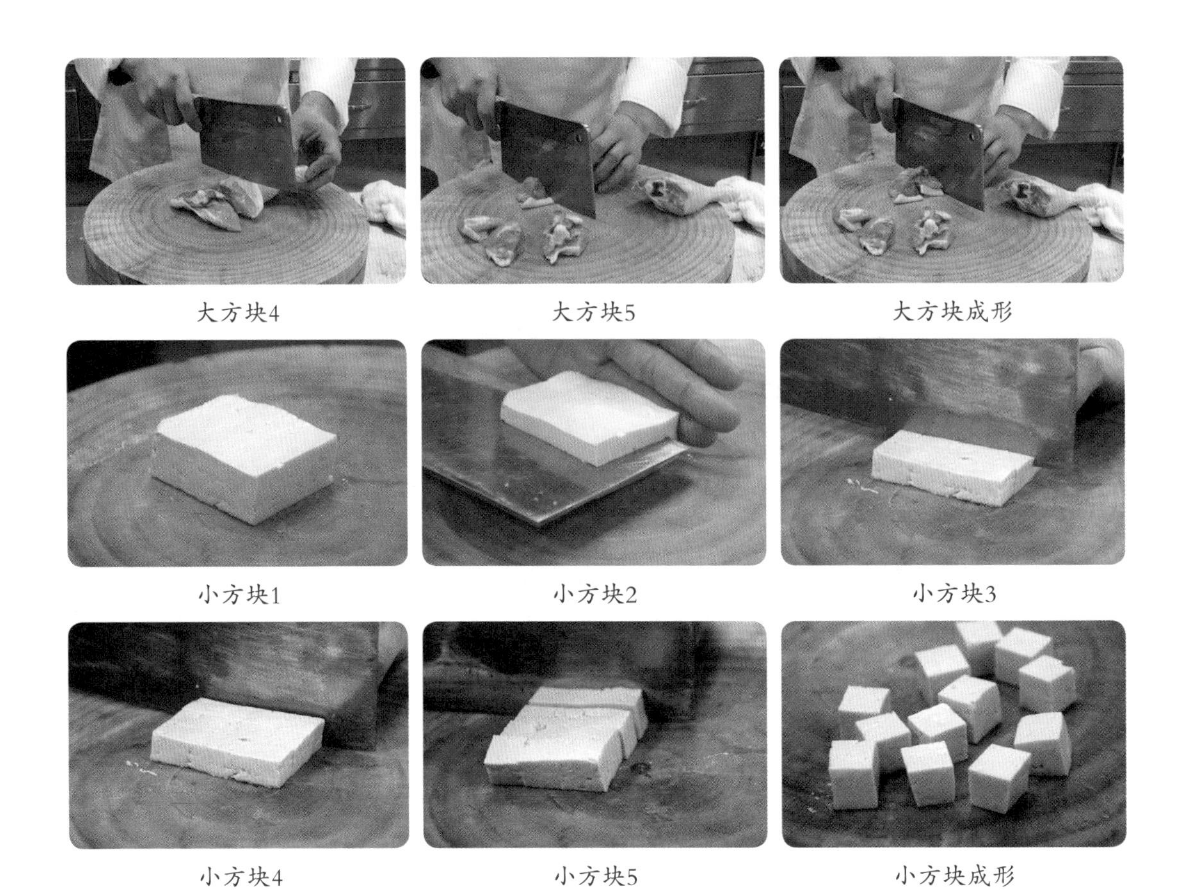
大方块4　大方块5　大方块成形
小方块1　小方块2　小方块3
小方块4　小方块5　小方块成形

2. 骨牌块的成形

成形规格　长度3cm，宽3cm，厚1cm。

适用原料　带骨的猪肋排骨、羊排、牛仔骨等。

加工过程

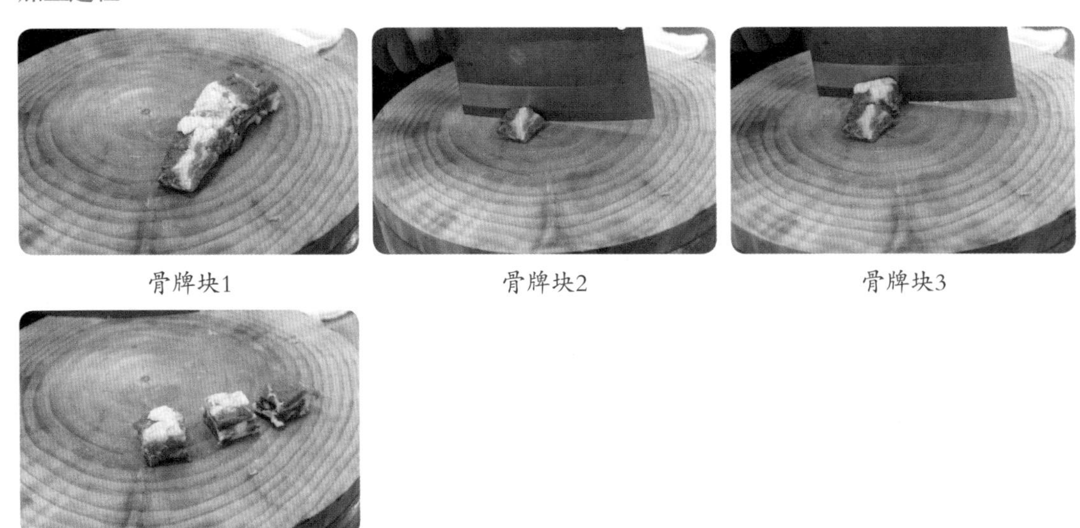
骨牌块1　骨牌块2　骨牌块3
骨牌块成形

3. 滚料块的成形

成形规格　长度2.5cm，宽、厚度为1.5cm × 1.5cm。

适用原料　呈柱形、球形、椭圆形的蔬菜，如莴苣、黄瓜、土豆等。

加工过程

滚料块1　滚料块2　滚料块3

滚料块4　滚料块5　滚料块成形

4. 瓦块的成形

成形规格　宽3.5cm、厚2cm，长不规则。

适用原料　鱼类、冬瓜、南瓜等。

加工过程

瓦块1　瓦块2　瓦块3

瓦块4　瓦块5　瓦块6

瓦块成形

5. 劈柴块的成形

成形规格　长度3cm，宽1.5cm，厚不规则。

适用原料　质地松脆的植物性原料，如冬笋、黄瓜、茄子、茭白。

加工过程

劈柴块1

劈柴块2

劈柴块3

劈柴块4

劈柴块成形

6. 象眼块（菱形块）的成形

成形规格　对角线长度为1.5~2.5cm。

适用原料　熟牛肉、土豆、胡萝卜、莴苣等。

加工过程

象眼块1

象眼块2

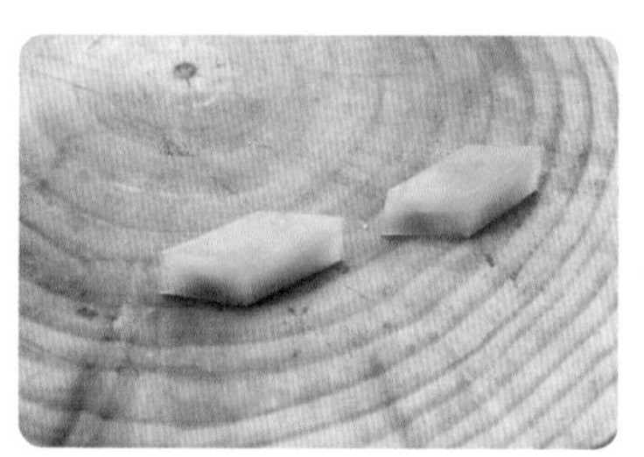

象眼块成形

实训6 丁的成形

丁的成形演示

丁的概念	丁是指原料截面的边长为0.5～2cm的几何体，是小方块的缩形体。
知识要点	丁的形状近似于正方体，它的成形方法是通过运用片（批）、切等刀法，将原料加工成大片或厚片，再切成条状，最后改刀成正方体的形状。丁分大丁、中丁和小丁三种，它的大小主要取决于片的厚薄、大小和条的粗细，粗条可加工成大丁，细条可加工成小丁，介于两者之间称为中丁。在具体的加工过程中，可根据烹调和菜肴制作的需要灵活加工成形。
成形规格	大丁1.2～2cm见方，中丁0.8～1.2cm见方，小丁0.5～0.8cm见方。
适用原料	韧性原料、脆性原料、软性原料、硬性原料等。
用途举例	适用于辣子鸡丁、花生米肉丁等菜肴制作。
加工要求	充当配料的丁一般偏小一些，用于充当主料的丁一般偏大一些。对于加工质地较老的动物性原料，要先用拍刀法将其肌肉组织拍松；对于结缔组织较丰富的原料，要先将其片（批）大片以后，在片的两面排剞上刀纹，利于肉质疏松，割断筋络，扩大肉质的表面积，易于吸收水分，便于成熟和便于调味品的渗透。

实训演示

大丁1

大丁2

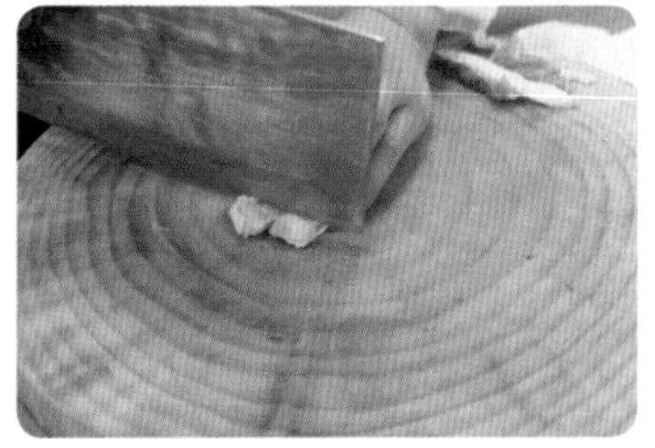
大丁3

大丁成形

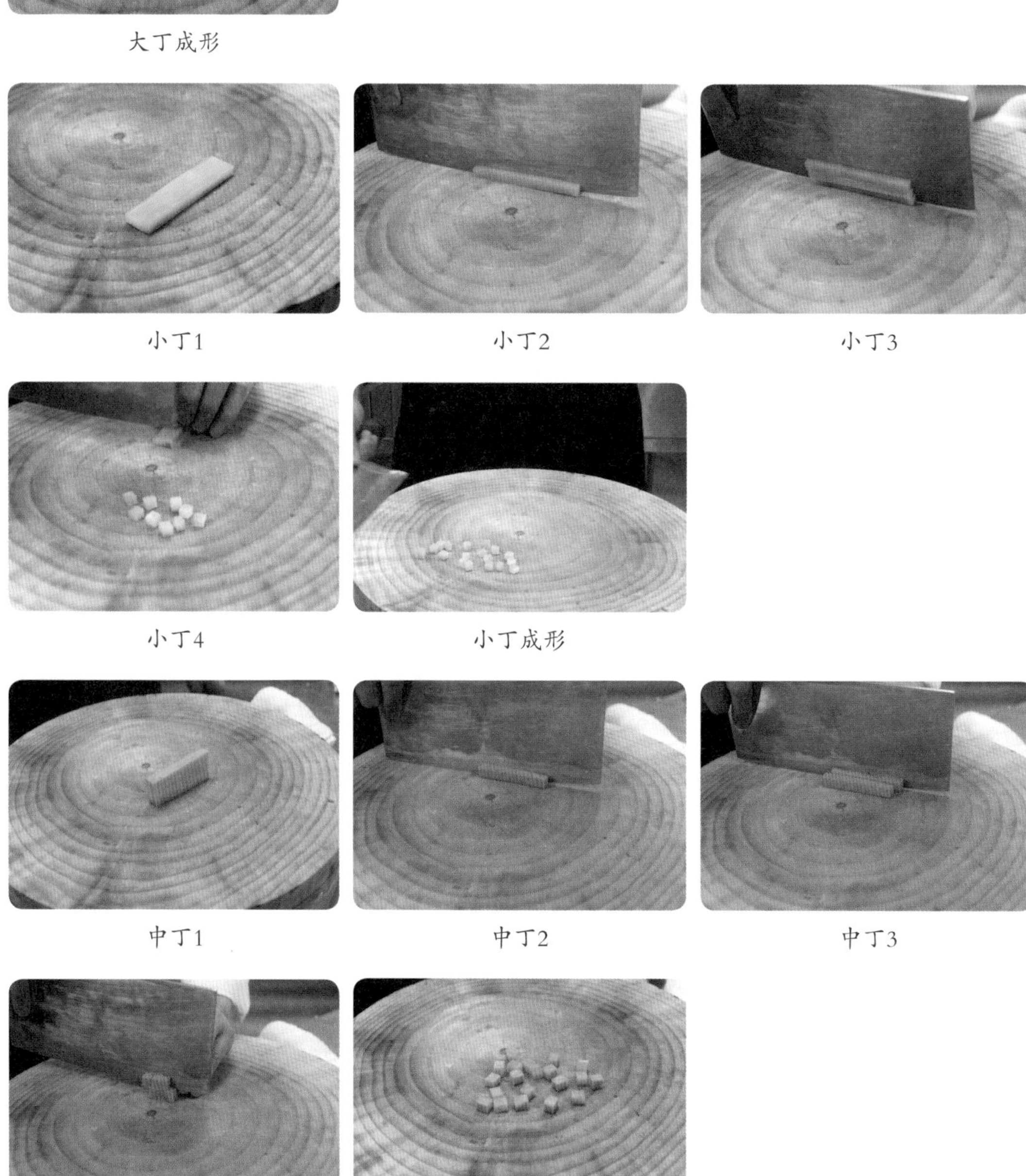

小丁1　小丁2　小丁3

小丁4　小丁成形

中丁1　中丁2　中丁3

中丁4　中丁成形

实训7 粒的成形

粒的成形演示

粒的概念	边长0.3～0.5cm的立方体。
知识要点	粒是小于丁的正方体，它的成形方法与丁相同，一般采用平刀法、直刀切。先将原料切成薄片，再切成粗丝，最后顶刀切而成。
成形规格	大粒0.5～0.8cm见方，小粒（米粒）0.3～0.5cm见方。
适用原料	各种肉类或蔬菜类原料，如鱼肉、虾米、花椒等。
用途举例	适用于清蒸狮子头、松子玉米粒等菜肴的制作，以及姜粒、蒜粒、辣椒粒的加工。
加工要求	先将整形后的原料切成长方条，然后再切成0.3～0.8cm见方的粒；绿豆粒是先将整形后的原料切成粗丝，然后顶刀切成小粒。

实训演示

粒1 粒2 粒3
粒4 粒5 粒成形

实训8 末的成形

末的成形演示

末的概念 从丝状原料上截下的立方体叫末，末的形状比粒还要小一些，半粒为末。

知识要点 末的形状是一种不规则的形体，其成形方法是通过直刀剁加工形成的。

成形规格 动物性原料制末时较植物性原料较大。

适用原料 韧性原料、脆性原料，如姜、葱等。

用途举例 适用于黄焖肉丸、蚂蚁上树等菜肴制作，也用于制馅，如肉馅、白菜馅等菜肴。

加工要求 加工时要将原料充分剁碎，斩断筋络，用于制作大丸子的末应粗些，用于制作小丸子的末应细些。

实训演示

末1　末2　末3

末4　末成形

实训9 蓉（泥）的成形

蓉（泥）的成形演示

蓉(泥)的概念	蓉（泥）是料形的最小形式，传统上称动物性原料是蓉，植物性原料为泥。一般手触和目视无明显颗粒感的，称之细蓉（泥）。
知识要点	蓉（泥）的颗粒更为细腻，其加工方法与末略有不同，形式多样，通常采用剁、捶、挤压等方式。
成形规格	细蓉需要过筛，粗蓉则不需过筛，但要用刀刃斩断筋络。
适用原料	净瘦肉、肥膘肉、净虾肉、净鱼肉等。熟制的土豆、红薯、山药、红小豆、豌豆等去皮后也能加工成蓉。还有蒜子等也可加工成泥状。
用途举例	适用于鸡蓉海参、土豆泥、清汤鱼丸等菜肴制作，也用于制作馅心。
加工要求	在制蓉前，先要剔除筋络，传统制作方法是选用一大块肉皮铺在砧板上，将肉放在肉皮上剁，可使加工出的肉蓉洁白、细腻、无杂质；现代制作蓉（泥）往往采用小型搅拌器制作。

实训演示

蓉（泥）1

蓉（泥）2

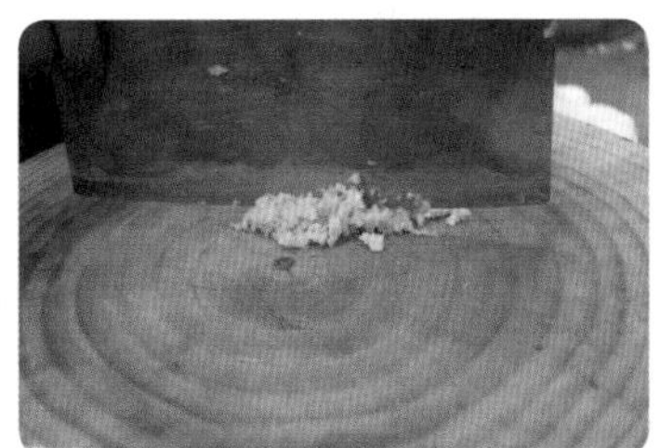

蓉（泥）3

蓉（泥）成形

实训作业

将土豆加工成长方块，然后再依次加工成长方片、细丝、末、蓉（泥）。

项目二

花刀工艺实训

项目导读

花刀工艺是指运用混合刀法，在原料表面剞上横竖交错、深而不透的条纹，经过加热形成各种形态美观、造型别致的原料形状。花刀工艺的程序相对复杂，技术难度高。花刀工艺的主要目的是缩短成熟时间，使热穿透均衡，达到原料内外成熟一致，因为扩大了原料体表的面积，也有利于调味料的渗透，并能美化菜肴。

实训任务

项目任务	任务实训编号	任务内容
任务一 整鱼花刀实训	实训1	斜一字形花刀的成形
	实训2	柳叶形花刀的成形
	实训3	十字形花刀的成形
	实训4	牡丹形花刀的成形
	实训5	松鼠形花刀的成形
任务二 其他原料剞花刀实训	实训1	菊花形花刀的成形
	实训2	麦穗形花刀的成形
	实训3	荔枝形花刀的成形
	实训4	蓑衣形花刀（蜈蚣花刀）的成形
	实训5	麻花形花刀的成形
	实训6	凤尾形花刀的成形
	实训7	鱼鳃形花刀的成形
	实训8	灯笼形花刀的成形
	实训9	剪刀形花刀的成形

实训方法

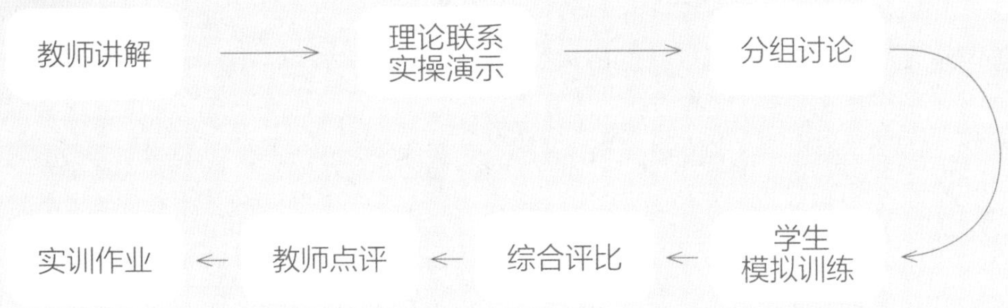

教师讲解 → 理论联系实操演示 → 分组讨论 → 学生模拟训练 → 综合评比 → 教师点评 → 实训作业

任务一　整鱼花刀实训

任务目标

掌握鱼类常见的花刀种类及技术要领。

任务准备

1. 原料

鲈鱼、鳊鱼、草鱼、鳜鱼、鲫鱼等。

2. 器具

不锈钢操作台、砧板、菜刀、毛巾、不锈钢菜盆、平盘、汤碗、垃圾盒等。

3. 场地

刀工演示室或刀工实训室。

实训任务

斜一字形花刀演示

实训1　斜一字形花刀的成形

斜一字形花刀概念	在整鱼正反两面剞上斜一字形花刀，使其刀纹相互平行的一种刀工技法。
知识要点	斜一字形花刀是运用直刀推（拉）剞的方法加工制作而成的。
实训方法	将原料正反两面剞上斜向一字排列的刀纹，半指纹的刀距约0.5cm，一指纹的刀距约1.5cm。
适用原料	鲈鱼、鲤鱼、鳜鱼、鲫鱼等体形大而修长的鱼类。
用途举例	适用于红烧鲫鱼、清蒸鲈鱼等菜肴的制作。
工艺标准	加工时要求刀距的大小和刀纹的深浅都要均匀一致，鱼的背部刀纹要相应深一些，腹部刀纹要相应浅一些，且不能与鱼骨平行，应有些许夹角，不能切破鱼骨，否则易引起加热时开裂。

实训演示

斜一字形花刀1

斜一字形花刀2

斜一字形花刀3

斜一字形花刀4

斜一字形花刀5

斜一字形花刀成形

柳叶形花刀演示

实训2 柳叶形花刀的成形

柳叶形花刀概念	在整鱼的正反两面剞上宽窄一致的柳叶形花纹的刀工技法。
知识要点	柳叶形花刀的刀纹是运用直刀推（或拉）剞的方法加工而成的。
实训方法	先在鱼身中央顺长划一直刀纹，以此刀纹为起点，等距向脊后剞上斜刀纹，再向腹部剞上斜刀纹，加热后即形成柳叶形。
适用原料	主要为鳊鱼、鲳鱼等鱼身扁平的鱼类。
用途举例	适用于红烧整鱼、清蒸整鱼等菜肴制作。
工艺标准	剞刀时鱼身两侧刀纹宽窄一致，交而不连。

实训演示

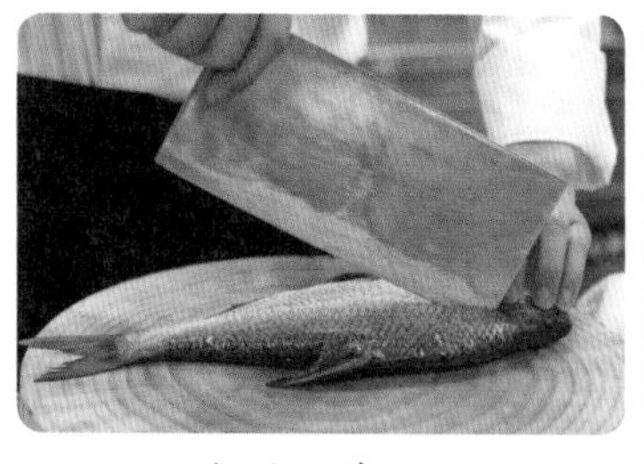
柳叶形花刀1

柳叶形花刀2

柳叶形花刀3

柳叶形花刀4

柳叶形花刀5

柳叶形花刀6

柳叶形花刀成形

十字形花刀演示

实训3 十字形花刀的成形

十字形花刀概念	十字形花刀也称网格花刀，一般在鱼的正反表面剞上多十字形刀形纹，形似渔网网格的刀工技法。
知识要点	刀距均匀，深度适中，鱼背部刀纹应相对深一些，鱼腹部刀纹应相对浅一些。
实训方法	加工时在原料两面均匀剞上交叉形十字刀纹。对于体形大而长的原料应多剞一些十字形花刀，刀纹间距较为密集，而且呈双平行状态分布。体形较小的鱼可少剞一些十字形花刀，刀距可大些。
适用原料	鲤鱼、鲫鱼、鳊鱼等。
用途举例	适用于干烧、红烧、酱汁类鱼类菜肴的制作。

工艺标准 | 与斜一字形花刀的制作方法类似。

实训演示

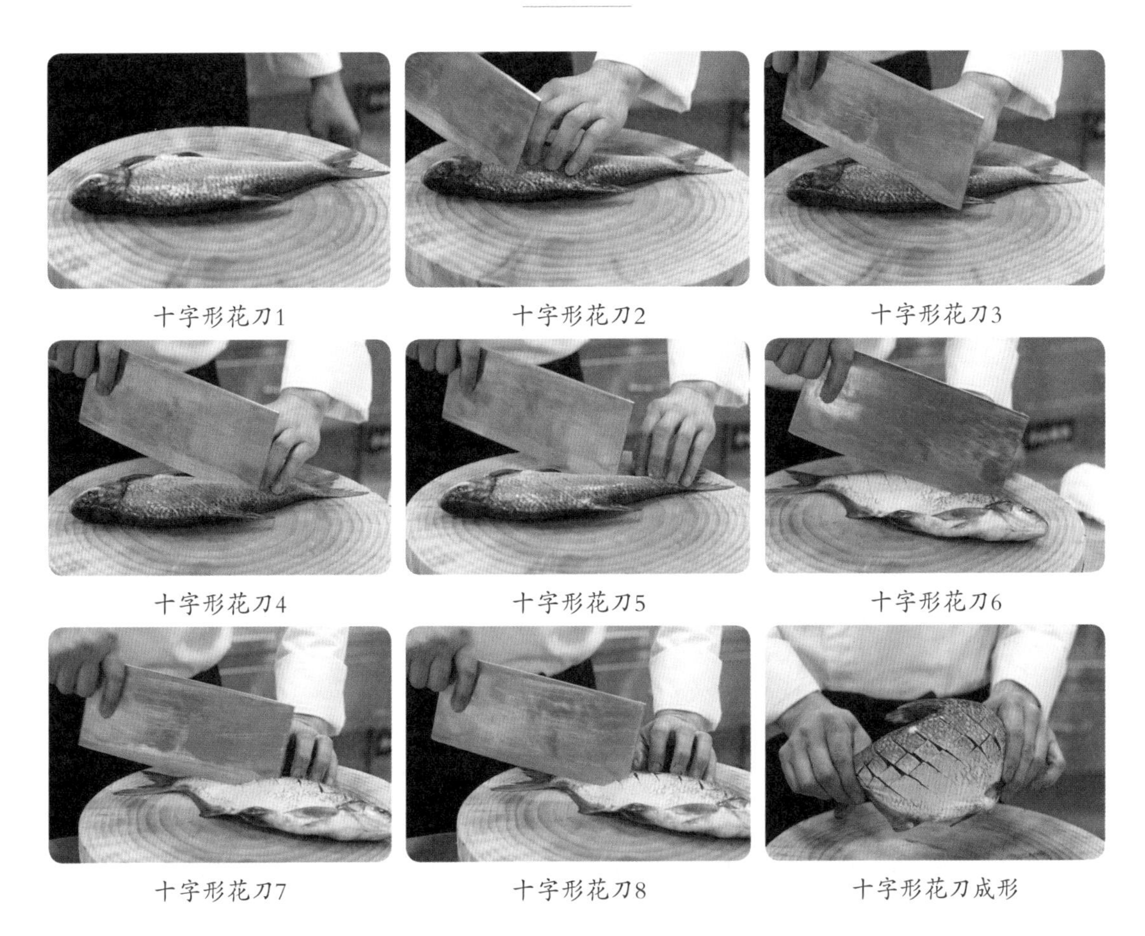

十字形花刀1 十字形花刀2 十字形花刀3

十字形花刀4 十字形花刀5 十字形花刀6

十字形花刀7 十字形花刀8 十字形花刀成形

实训4 牡丹形花刀的成形

牡丹形花刀演示

牡丹形花刀概念 | 牡丹形花刀是运用斜刀剞、平刀片（批）等方法混合加工而成的，每一片料形都形似牡丹花的花瓣的刀工技法。

知识要点 | 刀进入鱼体约成45°，刀纹间距不要过疏，也不宜太密，刀刃的运行带一定的弧度，效果会更好。

实训方法	用斜刀推剞或拉剞至鱼骨，然后再用刀平片（批）进原料深约2～4cm的片，留0.7～1cm的肉与脊骨相连，从头至尾部，依次重复剞牡丹形花刀。
适用原料	鳜鱼、青鱼、草鱼等。
用途举例	多用于焦熘、软熘等烹调方法制作鱼类菜肴，如糖醋脆皮鱼、西湖醋鱼等。
工艺标准	选择净重约为1500g的鱼为宜，每片大小要一致。刀距一般以3～5cm为宜，效果会更好，每面剞刀次数要相等，而且要注意两面对称。

实训演示

牡丹形花刀1

牡丹形花刀2

牡丹形花刀3

牡丹形花刀4

牡丹形花刀5

牡丹形花刀6

牡丹形花刀7

牡丹形花刀8

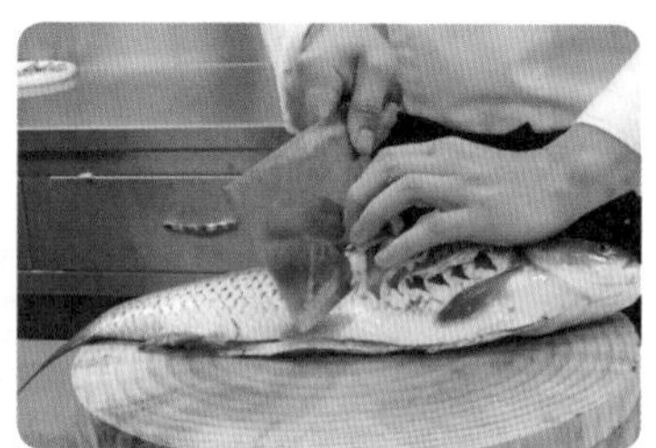

牡丹形花刀9

牡丹形花刀10

牡丹形花刀11

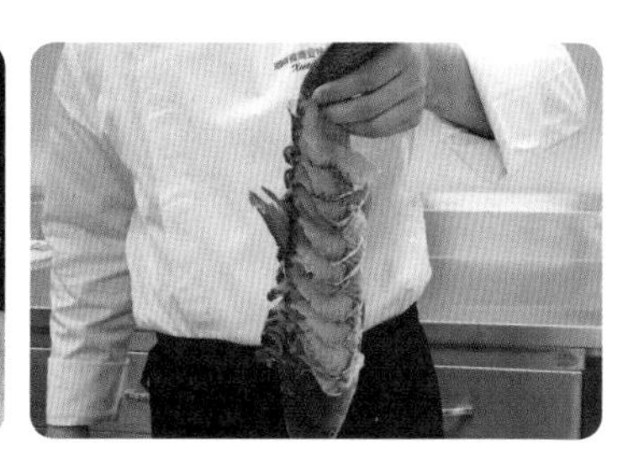

牡丹形花刀成形

松鼠形花刀演示

实训5 松鼠形花刀的成形

松鼠形花刀概念	鱼肉表面剞十字形花刀，可经拍粉油炸处理，装盘成菜后形似“松鼠”的刀工技法。
知识要点	松鼠形花刀是运用斜刀拉剞、直刀剞而成。
实训方法	先将鱼头去掉，沿脊骨用刀平片（批）至尾部，斩去脊骨并片（批）去胸刺，然后在两扇鱼片的肉面剞上斜刀纹，刀距4~6mm，将鱼肉旋转90°，再剞上平行的刀纹，刀距4~6mm。直刀纹和斜刀纹均剞到鱼皮深处（但不能剞破鱼片）。
适用原料	草鱼、鲈鱼、黄花鱼、鲤鱼、鳜鱼等。
用途举例	适用于松鼠鳜鱼、松鼠鲈鱼等菜肴的制作。
工艺标准	刀距的大小、刀纹的深浅以及斜刀的角度都要均匀一致。

实训演示

松鼠形花刀1

松鼠形花刀2

松鼠形花刀3

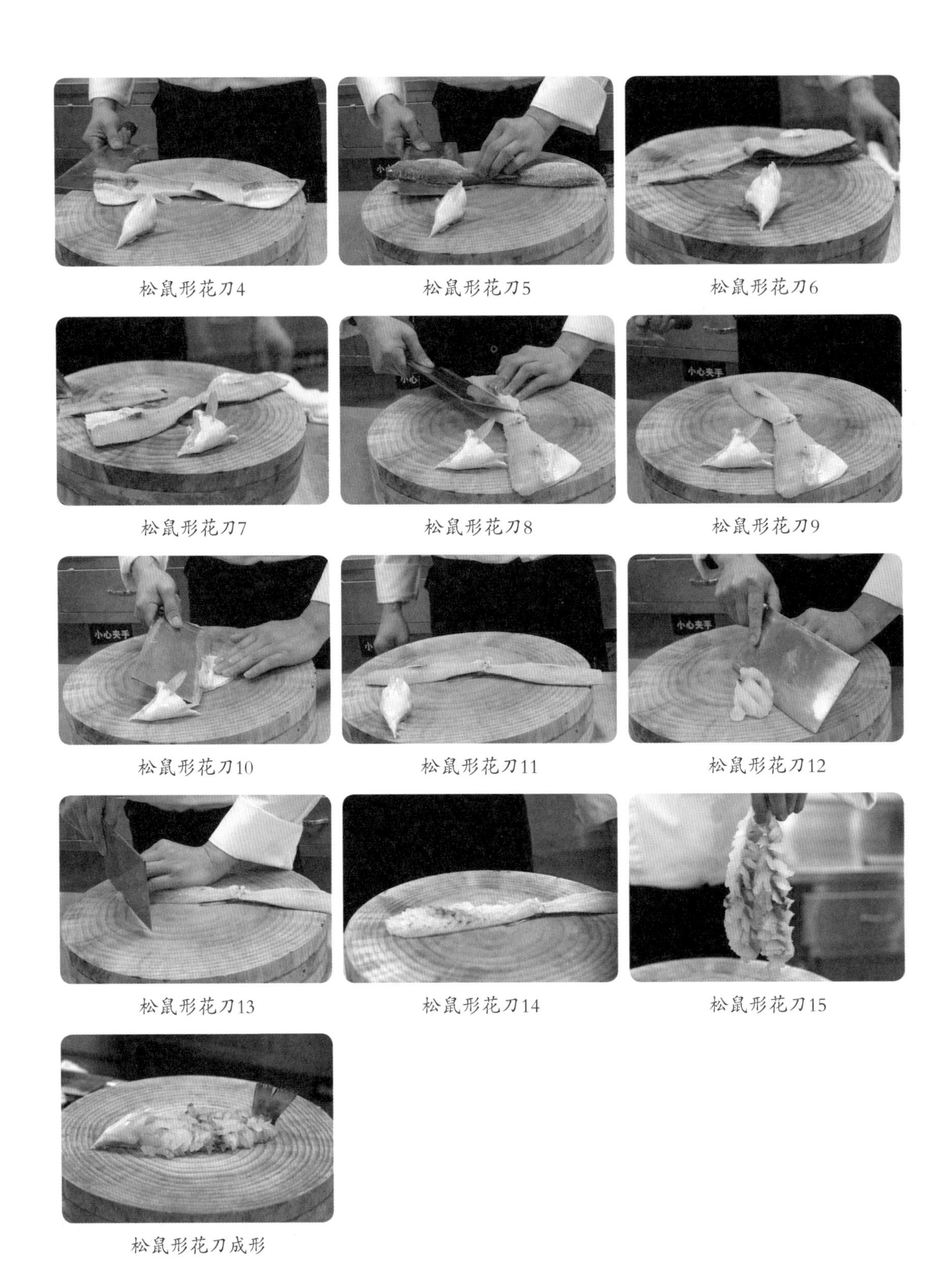

松鼠形花刀4　　松鼠形花刀5　　松鼠形花刀6

松鼠形花刀7　　松鼠形花刀8　　松鼠形花刀9

松鼠形花刀10　　松鼠形花刀11　　松鼠形花刀12

松鼠形花刀13　　松鼠形花刀14　　松鼠形花刀15

松鼠形花刀成形

实训作业

除以上五种常用整鱼花刀外，你还知道哪些整鱼花刀？选择一种花刀进行训练。

任务二 其他原料剞花刀实训

任务目标

（1）掌握常见花刀法的种类及适用原料。

（2）掌握常见花刀的加工方法及操作要领，灵活使用常见花刀在原料加工中的运用。

任务准备

1. 原料

黄瓜、莴苣、豆腐、胡萝卜、鱼肉、猪腰、鲜鱿鱼、鸡肫等。

2. 器具

不锈钢操作台、砧板、菜刀、毛巾、不锈钢菜盆、平盘、汤碗、垃圾盒等。

3. 场地

刀工演示室或刀工实训室。

实训任务

菊花形花刀演示

实训1 菊花形花刀的成形

菊花形花刀概念	菊花形花刀，是指在原料表面运用直刀推剞而成为菊花形态的一种刀工技法。
知识要点	菊花形花刀是运用直刀推剞的方法加工而成的，如菊花豆腐制作，如果原料的厚度比较薄，也可以使用斜刀和直刀混合剞的方法加工而成。
实训方法	加工时在原料表面剞上横竖交错的刀纹，深度约为原料厚度的4/5，两刀相交为90°，然后再改刀切成3～4cm见方的块，经加工处理后成菊花的形状。
适用原料	内酯豆腐、净鱼肉、鸡鸭肫、通脊肉等。
用途举例	适用于菊花鱼、干炸菊花肫、清汤菊花豆腐等菜肴制作。

工艺标准	刀距的大小、刀纹的深浅要均匀一致。动物性原料最好选择鲜活的原料，因为鲜活原料肌纤维的收缩力强，收缩力度大，形成的菊花形状表现力强，造型更加逼真。

实训演示

菊花形花刀1

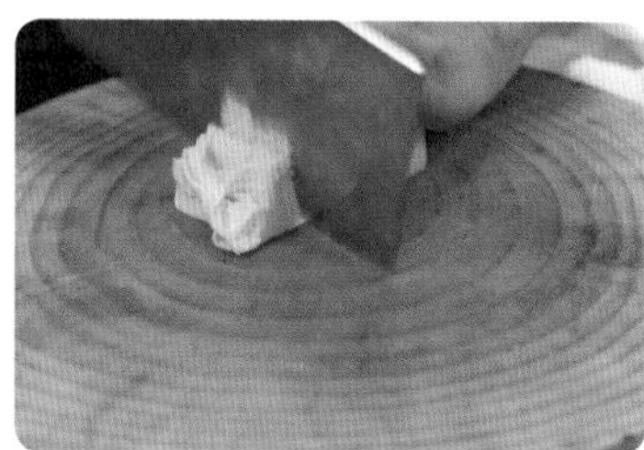
菊花形花刀2

菊花形花刀3

菊花形花刀4

菊花形花刀5

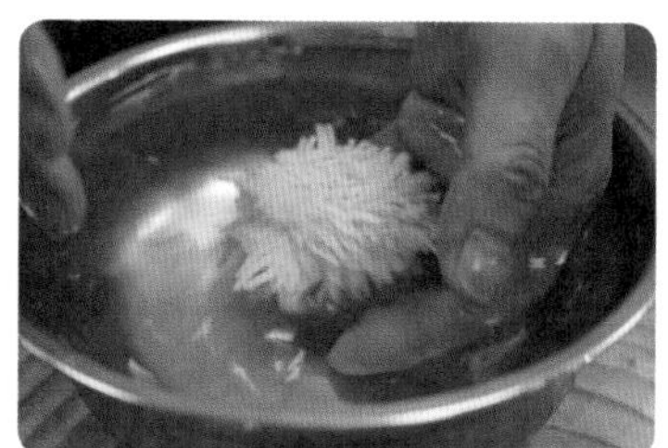
菊花形花刀6

菊花形花刀成形

麦穗形花刀演示

实训2 麦穗形花刀的成形

麦穗形花刀概念	麦穗形花刀，是指在原料表面剞上花刀而形成麦穗形态的一种刀工技法。

知识要点	麦穗形花刀的刀纹是运用直刀推剞和斜刀推剞加工制成的。

实训方法	大、小麦穗的主要区别在于麦穗的长短变化。两者的加工方法基本相同。加工时先用斜刀推剞，倾斜角度约为40°，刀纹深度是原料厚度的3/5，然后再转动一个角度采用直刀推剞，直刀剞与斜刀剞相交，以70~80°为宜。深度是原料的4/5，最后将原料改刀切成长方块，经加热后即卷曲成象形的麦穗形状。
适用原料	猪腰、鱿鱼、墨鱼等。
用途举例	适用于爆炒腰花、酸辣鱿鱼卷等菜肴制作。
工艺标准	刀距的大小、刀纹的深浅、斜刀角度都要均匀一致；麦穗剞刀的倾斜角度越小，则麦穗越长；麦穗剞刀倾斜角度的大小，应视原料的厚薄作灵活调整。

实训演示

麦穗形花刀1　麦穗形花刀2　麦穗形花刀3

麦穗形花刀4　麦穗形花刀5　麦穗形花刀6

实训3 荔枝形花刀的成形

荔枝形花刀演示

荔枝形花刀概念	荔枝形花刀，是指在原料表面剞上花刀，形成荔枝形态的一种刀工技法。

知识要点	荔枝形花刀的刀纹是运用直刀推剞的方法加工而成的。
实训方法	加工时，先运用直刀推剞，刀纹深度是原料厚度的4/5，然后再转动一个角度采用直刀推剞，刀纹深度也是原料厚度的4/5，两直刀相交角度为80° 左右。然后将原料改刀切成边长约3cm的等边三角形，经加热后即卷曲成荔枝形态。
适用原料	鱿鱼、猪腰等。
用途举例	适用于荔枝鱿鱼、爆炒荔枝腰花等菜肴制作。
工艺标准	刀距均匀，深浅一致。

实训演示

荔枝形花刀1 荔枝形花刀2 荔枝形花刀3

荔枝形花刀4 荔枝形花刀5 荔枝形花刀6

荔枝形花刀7 荔枝形花刀8 荔枝形花刀9

实训4 蓑衣形花刀（蜈蚣花刀）的成形

蓑衣形花刀演示

蓑衣形花刀概念	蓑衣形花刀，是指在原料正反两面剞上花刀，拉伸成蓑衣状，类似弹簧，有一定的伸缩性的刀工技法。
知识要点	蓑衣形花刀的刀纹是运用直刀剞的刀法制成。
实训方法	加工时，先在原料一面剞直刀或推刀，刀身与原料呈垂直90°夹角，刀与砧板成15°夹角，原料前半部分切至2/3，后半部分切至3/4。然后，刀距为0.2cm，再在原料的另一面采用同样刀法，直刀剞上一字形刀纹，刀身与原料成15~30°夹角，然后，刀距为0.2cm，刀纹与斜一字形刀纹相交，形成一定的角度，蓑衣形花刀切好后拉开成蓑衣状。
适用原料	黄瓜、莴苣、萝卜、香干等。
用途举例	多用于冷菜制作，如糖醋蓑衣黄瓜、红油豆腐干、卤兰花干等。
工艺标准	正反两面的运刀斜度、宽度、深度要均匀一致。

实训演示

蓑衣形花刀1

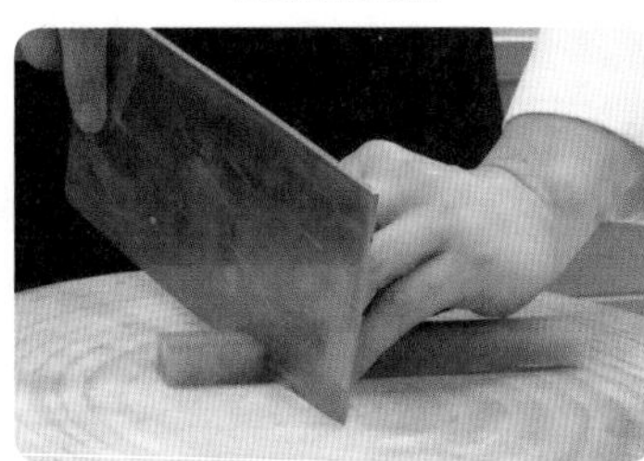

蓑衣形花刀2

蓑衣形花刀3

蓑衣形花刀4

麻花形花刀演示

实训5 麻花形花刀的成形

麻花形花刀概念	麻花形花刀，是指在原料表面直刀推（拉）剞三条刀口，经手工加工处理后，呈麻花形状的一种刀工技法。
知识要点	麻花形花刀的原料成形是运用刀尖划再经穿拉而成。
实训方法	将原料片（批）成长约4.5cm、宽约2cm、厚约0.3cm的片。在原料中间用刀尖划开3.5cm长的刀口，再将中间刀口的两侧各划上一道3cm长的刀口，用手握住两端，并将原料一端从中间刀口处穿过并拉出来即可。
适用原料	猪腰、肥膘肉、通脊肉、鸡脯肉等。
用途举例	用于软炸麻花腰子、芝麻腰子等菜肴制作。
工艺标准	中间的刀口要略微长一些，但也不能过长，以能够将原料穿过去为宜，其余的刀口要长短一致，不能穿反了。

实训演示

麻花形花刀1

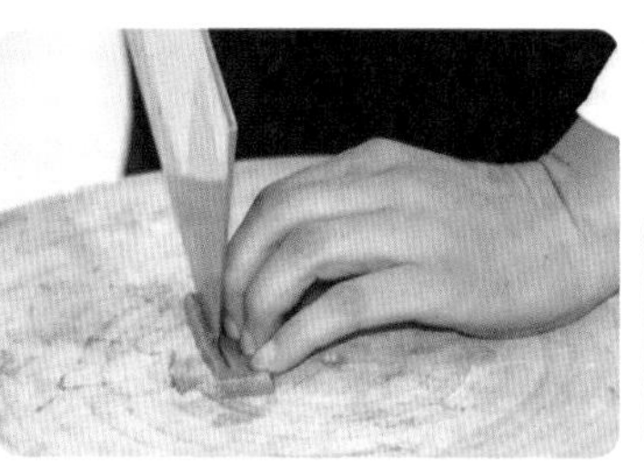
麻花形花刀2

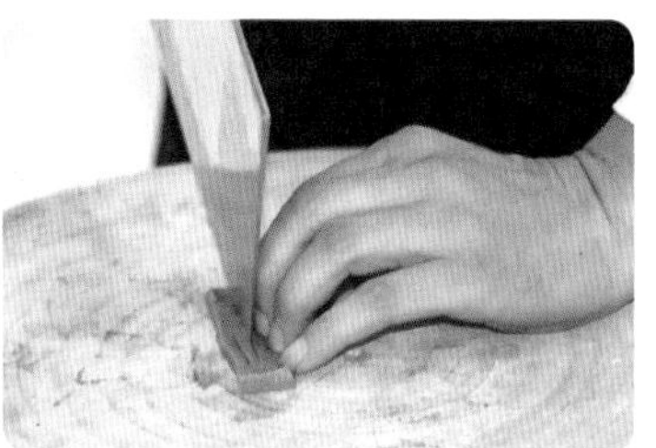
麻花形花刀3

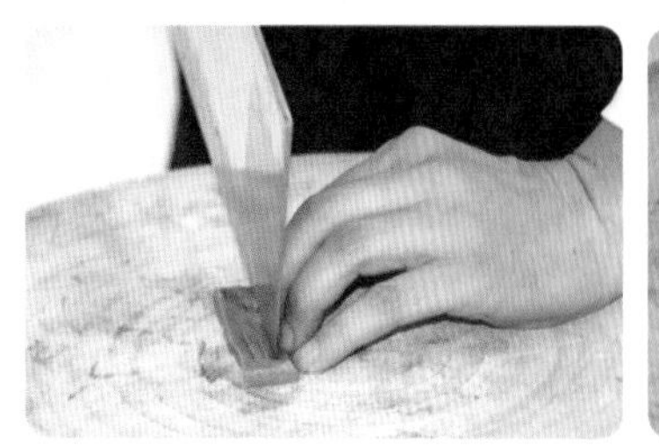
麻花形花刀4

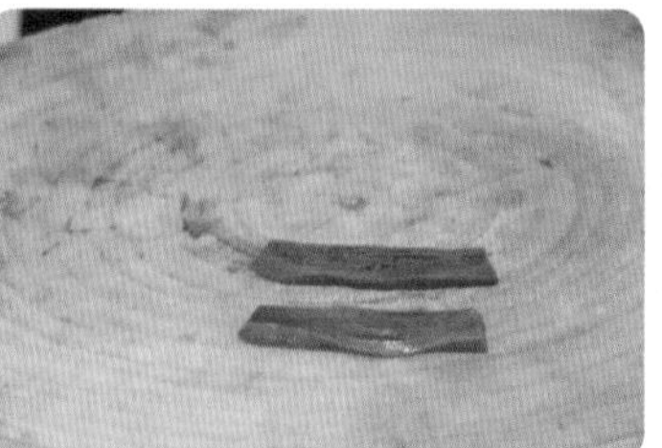
麻花形花刀5

麻花形花刀6

实训6 凤尾形花刀的成形

凤尾形花刀演示

凤尾形花刀概念	凤尾形花刀，是指在原料表面剞花刀，加热卷曲成凤尾形态的一种刀工技法。
知识要点	直刀法与斜刀法交替灵活运用，刀距与深度均匀。
实训方法	将原料片为两片，在片开的一面剞上平行的斜刀纹，刀与原料的角度成25°，再转一个角度，用直刀剞成一条与斜刀纹垂直相交的直刀纹。然后两刀一断，切成4cm长、1cm宽的料形。
适用原料	猪腰。
用途举例	适合爆炒类型菜肴。
工艺标准	断连分明、凤尾翘起部分要清晰。

实训演示

凤尾形花刀1

凤尾形花刀2

凤尾形花刀3

凤尾形花刀4

凤尾形花刀5

凤尾形花刀6

实训7 鱼鳃形花刀的成形

鱼鳃形花刀演示

鱼鳃形花刀概念 鱼鳃形花刀，是用直刀与斜刀交替运用，切出料形，经加热后呈鱼鳃形的一种刀工技法。

知识要点 每批一刀就断开，因形似梳子，又被称为“梳子花刀”，如果直刀剞的刀纹比较浅，只有1/4深度的话，而且斜批一刀一断，因形似眉毛，又称为“眉毛花刀”。

实训方法 先将原料片（批）成厚片，再运用直刀推剞或拉剞的方法，剞上深度约为4/5的刀纹，然后，将原料转动一个角度（通常是转动90°），采用斜刀法剞上深度约为3/5的刀纹，斜切第一刀时，不断开原料，第二刀时，用斜刀拉片的方法将原料断开，即“一刀相连，一刀断开”，成鱼鳃状。

适用原料 猪腰、茄子、猪肚等。

用途举例 用于制作炝鱼鳃腰片、熘鱼鳃茄片等。

工艺标准 刀距要均匀，大小要一致。

实训演示

鱼鳃形花刀1

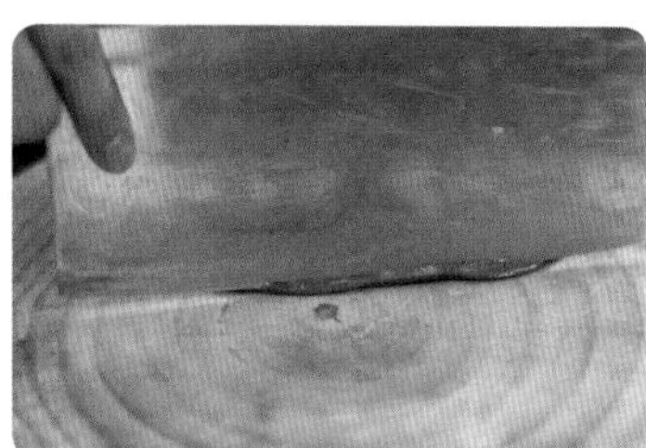
鱼鳃形花刀2

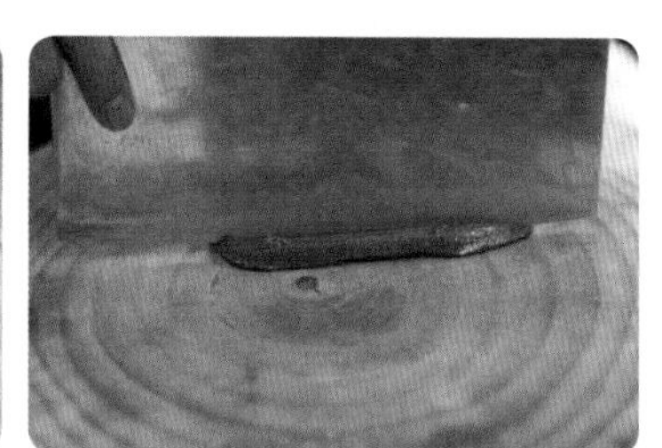
鱼鳃形花刀3

鱼鳃形花刀4

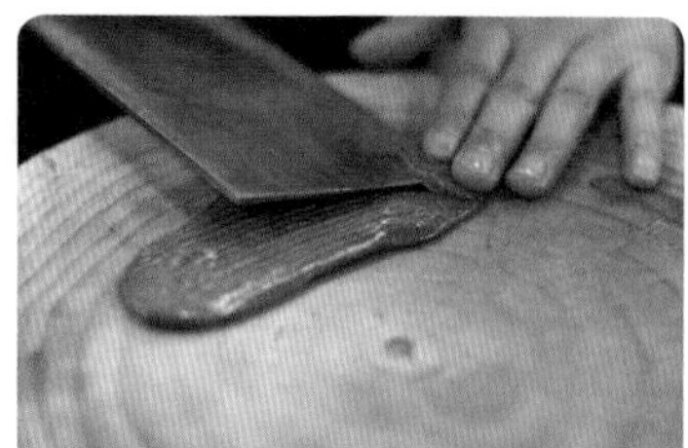
鱼鳃形花刀5

鱼鳃形花刀6

鱼鳃形花刀7

鱼鳃形花刀8

实训8 灯笼形花刀的成形

灯笼形花刀演示

灯笼形花刀概念	灯笼形花刀，是指在原料表面剞上花刀，加热卷曲成灯笼形态的一种刀工技法。
知识要点	灯笼形花刀的原料成形是运用斜刀拉剞和直刀剞的刀法混合加工而成的。
实训方法	将原料片成大片后，改成长约4cm、宽约3cm、厚为0.2~0.3cm的片，先在原料一端斜刀拉剞上两刀深度为原料厚度的3/5的刀纹，然后，在原料另一端同样剞上两刀（向相反的方向剞刀）。再转一个角度直刀剞上深度为原料厚度4/5的刀纹。
适用原料	猪腰、鱿鱼、墨鱼等。
用途举例	用于花色菜肴制作等。
工艺标准	斜刀进刀深度要浅于直刀进刀深度，刀距均匀。

实训演示

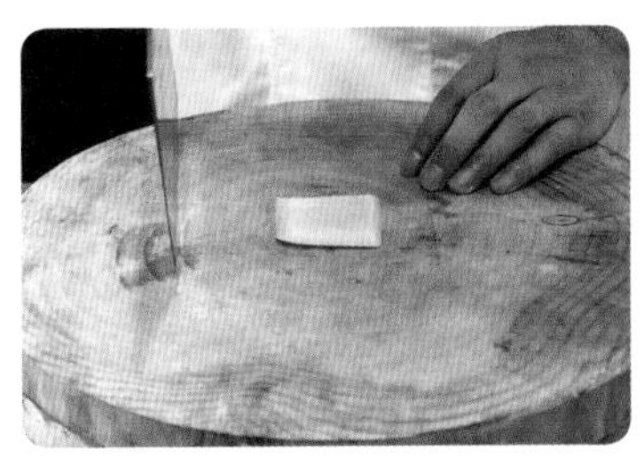

灯笼形花刀1

灯笼形花刀2

灯笼形花刀3

灯笼形花刀4

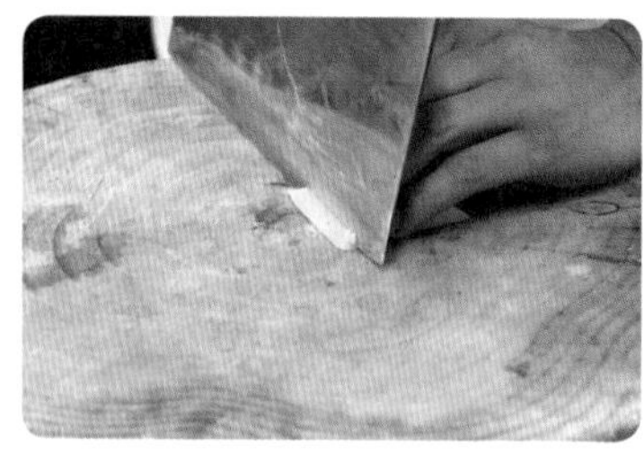
灯笼形花刀5

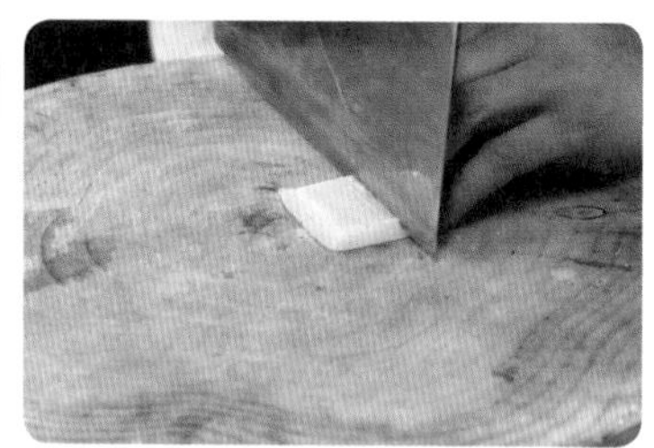
灯笼形花刀6

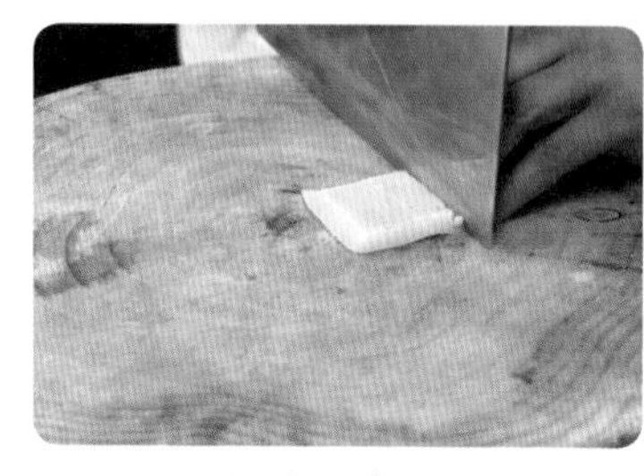
灯笼形花刀7

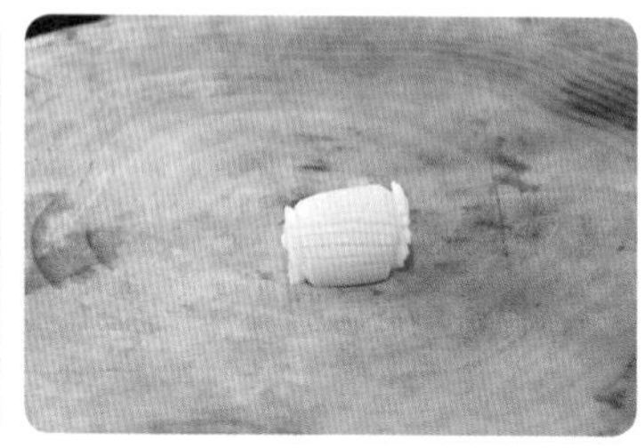
灯笼形花刀8

实训9 剪刀形花刀的成形

剪刀形花刀演示

剪刀形花刀概念	剪刀形花刀，是指在原料正反表面剞上花刀，拉开成剪刀形状的刀工技法。
知识要点	运用直刀推剞和平刀片（批）的方法，在原料正反面剞上花刀，拉开成剪刀形状。
实训方法	在两个长边厚度的1/2处片（或切）进原料（两刀进深相对，但不能片断），再运用直刀推剞的刀法，在两面均匀地剞上宽度一致的斜刀纹，深度为原料厚度的1/2。然后用手拉开，即分成交叉剪刀片（或块）。
适用原料	冬笋、莴苣、胡萝卜等。
用途举例	多用于配料或用于菜肴点缀及围边装饰等。
工艺标准	刀距的大小，交叉角度要均匀一致，两个平刀纹要相对平行否则很难拉开成形，另外在拉动的时候，动作要协调，以免将其拉坏。

实训演示

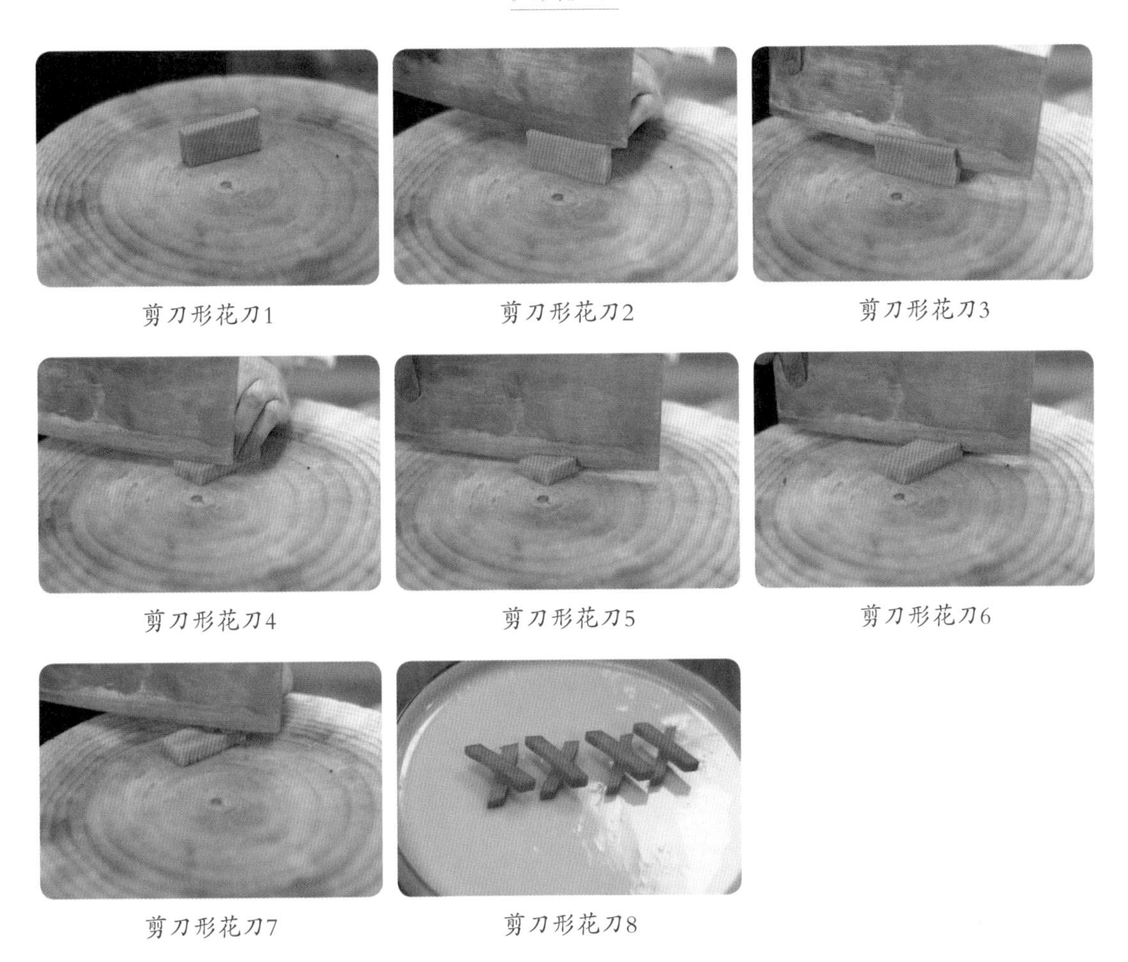

剪刀形花刀1　剪刀形花刀2　剪刀形花刀3

剪刀形花刀4　剪刀形花刀5　剪刀形花刀6

剪刀形花刀7　剪刀形花刀8

实训作业

除以上九种花刀成形外，你还知道哪些花刀？选择一种花刀进行训练。

项目三

整料出骨实训

项目导读

整料出骨是中餐烹饪刀工基本功中较为复杂的一种刀工技法，用于整料出骨的原料一般分为禽类与鱼类，整料出骨对操作者的刀工技能要求较高，还要求操作者熟悉所加工原料的特性及其骨骼结构，常用于制作高档菜肴。

实训任务

项目任务	任务实训编号	任务内容
任务一 整鱼出骨实训	实训	整鱼出骨
任务二 整鸡出骨实训	实训	整鸡出骨

实训方法

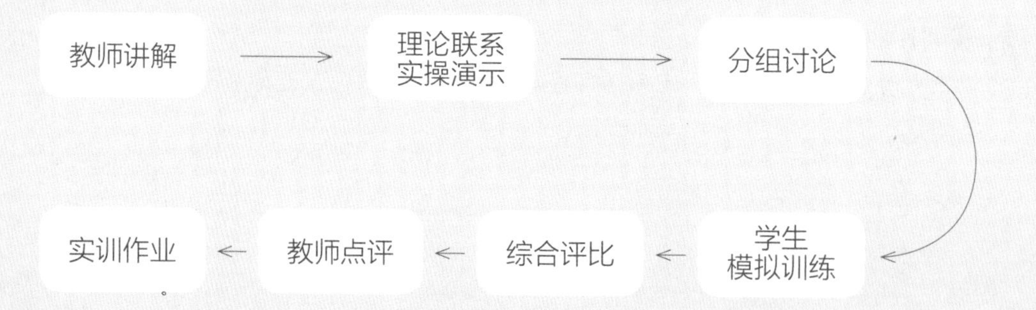

任务一　整鱼出骨实训

任务目标

掌握整鱼出骨的方法及技术要领。

任务准备

1. 原料

黄花鱼一条、鲈鱼一条。

2. 器具

不锈钢操作台、砧板、菜刀、干净抹布、剪刀、抹刀、西餐刀、不锈钢菜盆、平盘、汤碗、垃圾盒等。

3. 场地

刀工演示室或刀工实训室。

实训任务

实训　整鱼出骨

整鱼出骨概念	整鱼出骨，是指将鱼体中主要骨骼（脊骨、肋骨）去除，而保持外形完整的一种出骨技法。
知识要点	需掌握鱼的主要骨骼，在出骨时才能做到心中有数，操作无误，刀口不宜大，填料不宜多，在月牙骨处切开的刀口，以能将脊椎骨、胸肋骨脱出即可，尾部的切口，以切断脊椎骨为限，刀口大容易破形，填料过多，烹调时容易外溢。
实训方法	主要分为脊出骨法、鳃内出骨法。
适用原料	以活鱼为佳，体壁较厚、呈圆筒形，或身体较宽、肋较小的梭形鱼。如鳜鱼、刀鱼、草鱼、鲤鱼、鲈鱼、黄花鱼等。
用途举例	用于制作“怀胎”鲫鱼、三鲜脱骨鱼、八宝鳜鱼等。

工艺标准 运刀要做到准、稳、匀、平。整鱼出骨后外形完整，鱼皮不破，骨不带肉。

脊出骨法演示

1 脊出骨法

1. 将鱼刮鳞去鳃，并用剪刀剪除鱼鳍和尾尖。

2. 用刀贴着脊骨，在脊鳍两侧切开两个长切口。然后，贴着鱼骨进刀，把鱼背切开，并使鱼肉和内脏及鱼骨分离。

3. 用剪刀剪下脊骨的头尾两端，摘下脊骨和内脏。在进行上述操作时，务必十分小心，不要把鱼腹的皮扯破。

4. 摘除有血线的鱼骨，然后用干净的抹布擦干净。

脊出骨法1 脊出骨法2 脊出骨法3

脊出骨法4 脊出骨法5 脊出骨法6

脊出骨法7 脊出骨法8 脊出骨法9

脊出骨法10

脊出骨法11

脊出骨法12

脊出骨法13

脊出骨法14

脊出骨法15

2 鳃内出骨法

鳃内出骨法演示

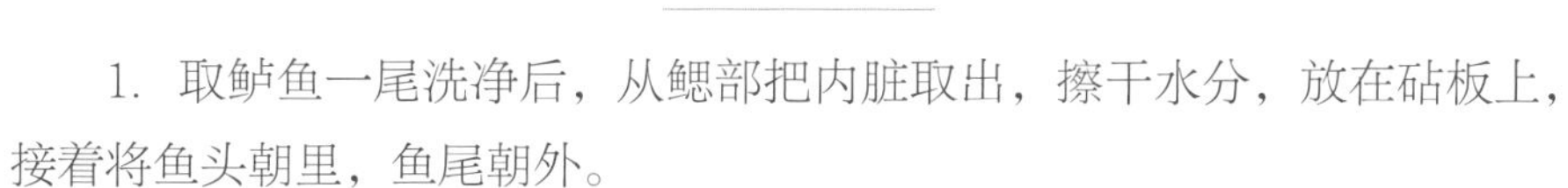

1. 取鲈鱼一尾洗净后，从鳃部把内脏取出，擦干水分，放在砧板上，接着将鱼头朝里，鱼尾朝外。

2. 左手按住鱼身，右手持抹刀将鳃盖掀起，沿脊骨的斜面推进，然后平片向腹部，先出腹部一面，再出脊背部，掀起鳃盖，把脊骨斩断，在鱼尾处折断尾骨。

3. 然后翻转鱼身，用同样方法出另一面。

4. 待完成后，将脊骨、肋骨及内脏一起抽出，洗净即可。

鳃内出骨法1

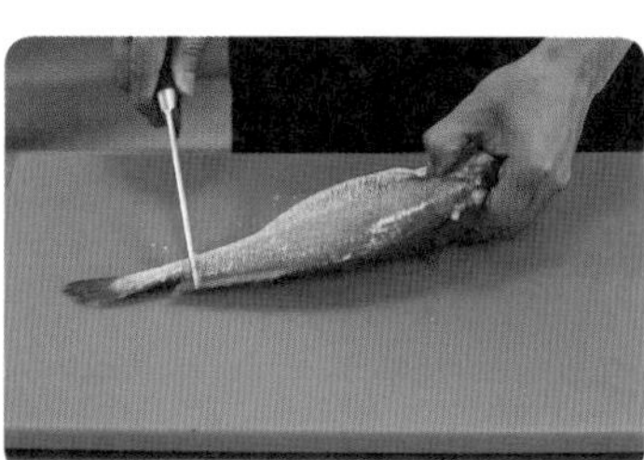

鳃内出骨法2

鳃内出骨法3

鳃内出骨法4

鳃内出骨法5

鳃内出骨法6

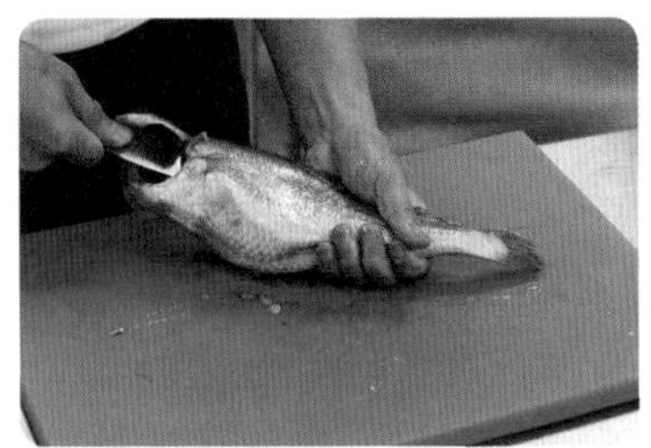
鳃内出骨法7

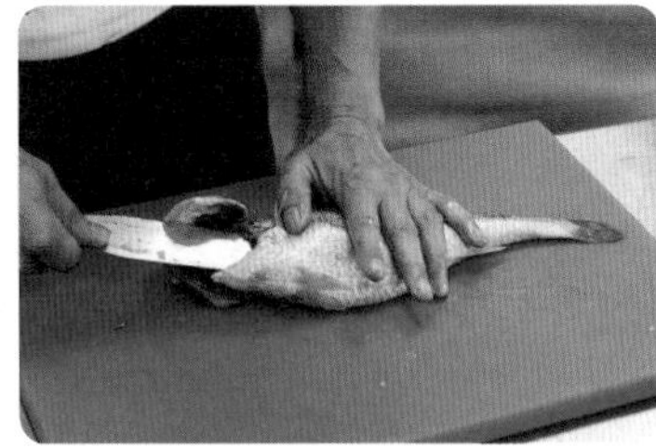
鳃内出骨法8

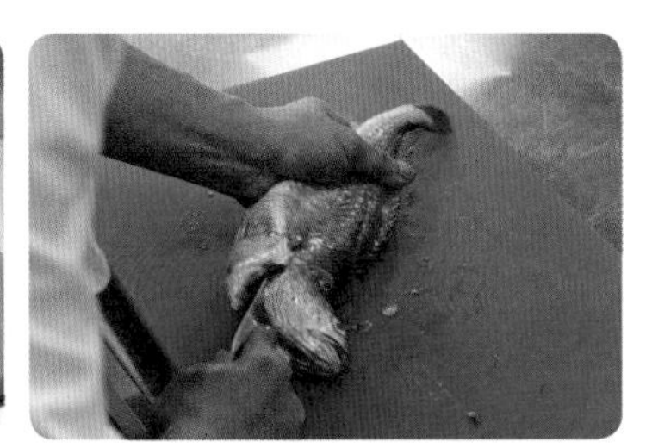
鳃内出骨法9

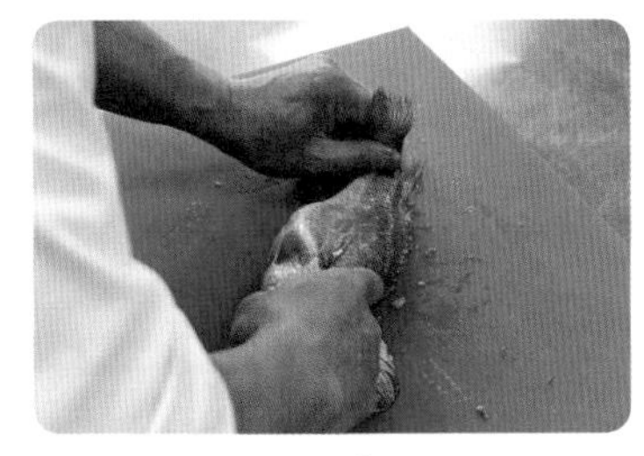
鳃内出骨法10

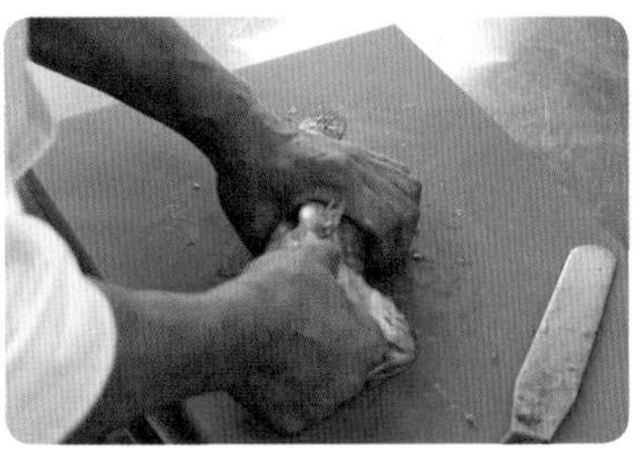
鳃内出骨法11

鳃内出骨法12

实训作业

除上述的整鱼出骨方法外，你还知道什么样的整鱼出骨方法呢？请尝试选择一种进行训练。

任务二　整鸡出骨实训

整鸡出骨是将宰杀煺毛后的整只鸡，剔出主要骨骼，保持其形体完整的刀工技法。整鸡经过出骨加工后，不仅食用方便，形状美观，而且便于烹调。

任务目标

了解鸡的骨骼结构，掌握“整鸡分割剔骨”的操作流程与技术要领，完成整鸡的分割剔骨。

任务准备

1. 原料

完整光鸡一只。

2. 器具

不锈钢操作台、砧板、菜刀、小刀、干净抹布、不锈钢菜盆、平盘、汤碗、垃圾盒等。

3. 场地

刀工演示室或刀工实训室。

实训 整鸡出骨

整鸡出骨演示

整鸡出骨概念	整鸡出骨是指将整只原料中主要骨骼剔出，剔出后仍能保持外形完整的一种加工方法。
知识要点	鸡体大小要适中，一般选用1.5～2kg重的老母鸡。去骨时从颈部与背脊交会处开口，下刀要准确，保护外皮完整。
实训方法	颈部出骨法。
适用原料	老鸡、老鸭、鸽子等。
用途举例	用于制作红煨八宝鸭、葫芦鸭、葫芦鸡、八宝鸡、三套鸭等菜肴。
工艺标准	禽类原料去骨后表皮完整、刀口大小正常、装水不漏。

实训演示

1. 划开颈皮，斩断颈骨

在鸡颈和两肩相交处，沿着颈骨直划一条长约6cm的刀口，从刀口处翻开颈皮，拉出颈骨，用刀在靠近鸡头处将颈骨斩断，需注意不能碰破颈皮。

2. 去前翅骨

从颈部刀口处将皮翻开，使鸡头下垂，然后连皮带肉慢慢住下翻剥，直至肢骨的关节（即连接翅膀的骱骨）露出后，可用刀将连接关节的筋腱割断，使翅骨与鸡身脱离。

3. 去躯干骨

将鸡放在砧板上一手拉住鸡颈骨，另一手拉住背部的皮肉，轻轻翻剥，翻剥到脊部皮骨连接处，用刀紧贴着前背脊骨将骨割离。再继续翻剥，剥到腿部，将两腿向背部轻轻扳开，用刀割断大腿筋，使腿骨脱离。再继续向下翻剥，剥到肛门处，把尾椎骨割断（不可割破尾处皮），这时鸡的骨骼与皮肉已分离，随即将躯干骨连同内脏一同取出，将肛门处的直肠割断。

4. 出后腿骨

将腿骨的皮肉翻开，使大腿关节外露，用刀绕割一周。割断筋腱后，将大腿骨抽出，拉至膝关节处时，用刀沿关节割下。再在鸡爪处横割一道口，将皮肉向上翻，把小腿骨抽出斩断。

5. 翻转鸡皮

用水将鸡冲洗干净，要洗净肛门处的粪便，然后将手从颈部刀口伸入鸡胸膛，直至尾部，抓住尾部的皮肉，将鸡翻转，仍使鸡皮朝外，鸡肉朝里，在形态上仍成为一个完整的鸡。

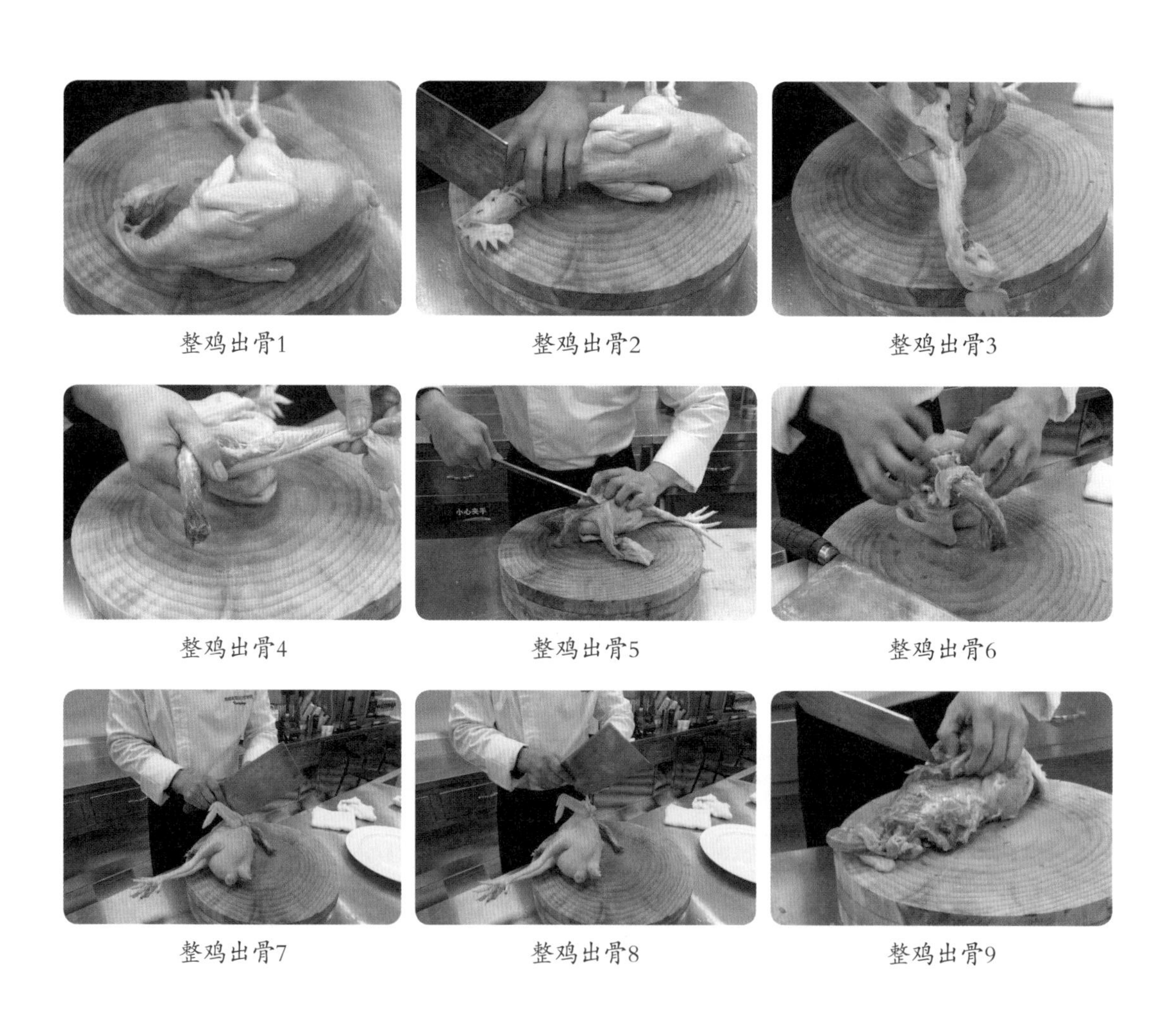

整鸡出骨1　整鸡出骨2　整鸡出骨3

整鸡出骨4　整鸡出骨5　整鸡出骨6

整鸡出骨7　整鸡出骨8　整鸡出骨9

整鸡出骨10

整鸡出骨11

整鸡出骨12

整鸡出骨13

整鸡出骨14

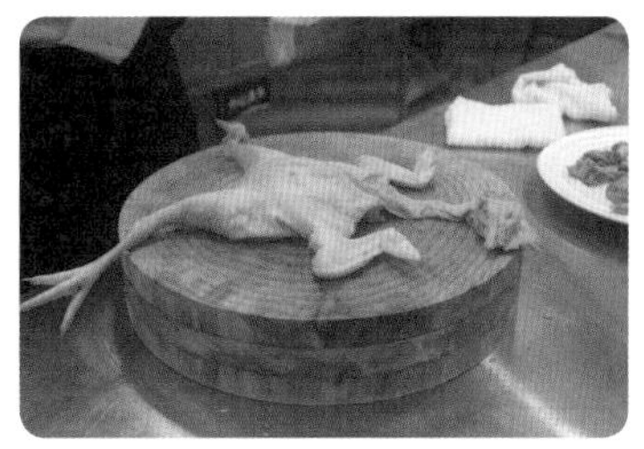

整鸡出骨15

整鸡出骨16

实训作业

（1）整鱼出骨技术适用于哪类菜肴制作，试举两例。

（2）请尝试画出鸡的骨架图。

实训评价标准

一、切片实训评价标准

指标 / 分数 / 项目	刀法正确	原料形状整齐均匀	刀工姿势正确自然	安全卫生	节约	合计
标准分（百分制）	25	25	25	15	10	100
扣分						
实得分						

二、切土豆丝实训评价标准

指标 分数 项目	刀法正确	粗细均匀（0.2cm）	长短一致（6cm）	无连刀	节约与卫生	时间（5min）	合计
标准分（百分制）	15	20	20	20	10	15	100
扣分							
实得分							

三、切肉丝实训评价标准

指标 分数 项目	刀法正确	粗细均匀（0.3cm）	长短一致（6cm）	无连刀	节约与卫生	时间（7min）	合计
标准分（百分制）	15	20	20	20	10	15	100
扣分							
实得分							

四、切蓑衣黄瓜实训评价标准

指标 分数 项目	刀距均匀	网格清晰	拉伸自然，有弹性，不断裂	节约与卫生	合计
标准分（百分制）	40	30	20	10	100
扣分					
实得分					

五、整鱼出骨实训评价标准

指标 分数 项目	开口正确	表皮不破	骨肉分离	节约与卫生	合计
标准分（百分制）	25	40	25	10	100
扣分					
实得分					

六、整鸡出骨实训评价标准

项目	数量	时间	评价标准	评分标准				单项计分	总分	备注
				优	良	中	差			
整鸡出骨	一只（约2000g重）	30min	下刀部位准确	25	20	14	8			
			分割部位准确	25	20	14	8			
			骨不带肉、肉不带骨	20	15	10	6			
			形态完整、表皮不破	20	15	10	6			
			超时扣分	5	3	2	1			
			清场检场	5	3	2	1			

模块四

烹饪勺工准备与实训

实训目标

通过本模块学习，使学生了解勺工操作实训的相关概念；明白勺工操作的意义；掌握翻锅操作姿势，煸炒、旋锅、小翻锅、大翻锅、出锅实训的操作方法及操作关键；加强学生身体各部位协调性的练习，强化整套翻锅操作技能要领。

实训内容

项目一　翻锅操作姿势实训
项目二　煸炒实训
项目三　旋锅实训
项目四　小翻锅实训
项目五　大翻锅实训
项目六　出锅装盘实训

项目一

翻锅操作姿势实训

项目导读

翻锅是我国厨师独特的创作，是一项难度较高的技能，正确的翻锅操作姿势不仅是烹制好菜肴的前提，而且能很大程度地降低操作者的劳动强度，同时也是预防职业病的重要保障。

实训任务

项目任务	任务实训编号	任务内容
翻锅操作姿势实训	实训1	临灶站姿
	实训2	抓抹布方法
	实训3	临灶持锅姿势
	实训4	持手勺姿势

实训方法

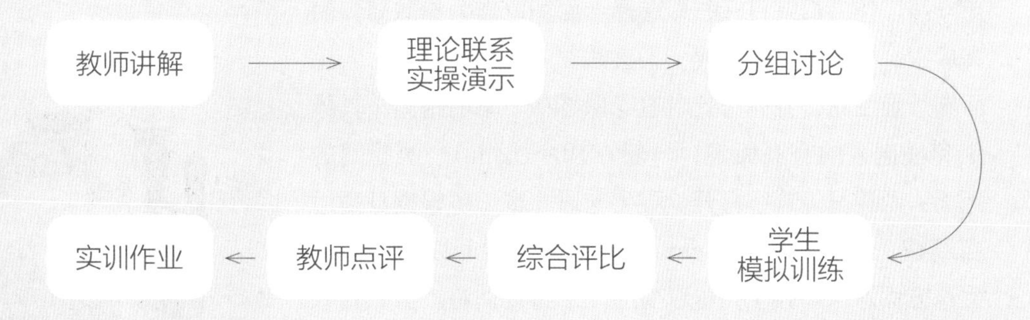

任务　翻锅操作姿势实训

任务目标

通过任务的学习，了解翻锅方法的分类、运用，理解正确站姿对翻锅训练的重要性，掌握正确的持锅、临灶姿势。加强学生身体各部位协调性的练习，强化翻锅技能要领。

任务准备

1. 原料

干玉米粒、大米、河沙等。

2. 器具

灶台、双耳锅、抹布、单柄炒锅、手勺。

3. 场地

勺工实训室。

实训任务

实训1 临灶站姿

临灶规范的操作要求是身体自然站直，两脚自然分开，与肩保持同宽，眼睛平视。在训练之初，往往以“四点一线”作为训练目标，即选择一面墙壁作为参照面，使脚后跟、臀、背和头部成一条直线。人与灶台距离：人正面向炉灶站立，身体与灶台边缘保持在一拳的距离（具体距离根据人的身高而定，一般在12～15cm）。两腿间的距离：两腿呈外八字打开，脚尖与肩同宽（可根据身高适当调整，一般为40～50cm）。坚持一段时间以后，待学生这方面意识增强了，可以变通一下再行训练。虽然要求以“四点一线”为目标，但是在具体的训练当中，动作不要过分呆板，应该尽量贴近该目标，并且尽可能地保持规范、自然、轻松，这样有利于动作的舒展和动作的完成。

临灶站姿

实训2 抓抹布方法

抓抹布演示

1. 平铺式

将抹布由一端向另一端平铺，再成“田”字铺好。该方法抹布整齐，操作简便，但在实际操作时抹布容易因贴锅壁的一面由于受热而烫手且易粘锅灰。

2. 提抓式

用右手将抹布从中间部位提起，左手除大拇指外的四指从上端的抹布边角处朝手心内扣，右手朝下将抹布拉紧，再将在外的边角收到里边。该方法操作快，抹布抓在手中贴锅的一面厚，烹调时不会因为受热而烫手。

3. 对折式

将抹布对折2次，以三分之二处为中轴进行对折。该方法稍耗时，但美观方便，抹布的边角会被很好的藏住，贴锅壁处厚，贴锅耳处薄，比较实用。

抓抹布方法（对折式）

抓抹布方法（提抓式）

实训3 临灶持锅姿势

（一）持锅姿势

1. 持锅的基本姿势

正确的持锅姿势：两脚分开，自然站立，与肩保持同宽，左手端握锅耳，曲肘90°左右，将锅放于正前方，两眼平视。

2. 临灶的基本姿势

正确的临灶要求身体正直，不偏不歪，自然曲肘90° 左右，将锅端在自己的正前方，锅要端得平稳。

（二）持锅方法

1. 单柄炒锅

持单柄炒锅的姿势为面对炉灶，上身自然挺立，双脚分开，呈八字形，与肩同宽，身体与炉灶相距两拳左右。

左手掌心向上，大拇指在上，四指并拢握住锅柄，端握炒锅时力度要适中，而且锅也应该端平，端稳。

2. 双耳炒锅

左手大拇指扣紧锅耳朵的左上侧，其余四指微弓朝下，呈散射状托住锅底，并用抹布垫手。这样的拿法，锅的重量可以均匀地分摊在较宽的手指上面，比较稳当。

持锅姿势

实训4 持手勺姿势

1. 持手勺的基本姿势

操作者自然站立在操作台前，右手紧握炒勺勺柄，食指伸直顺着炒勺方向抵住勺柄，勺柄抓在掌心，勺柄末端3～5cm处于手掌外。

2. 注意事项

（1）抓勺位置要正确　勺柄抓得过于偏后，则不方便用力；抓得过于偏向前方，则勺柄容易抵住胳膊，不方便手勺的灵活移动。

（2）抓勺的手势　按要求握住勺柄，自然握紧。手勺翻动时，用力的部位主要是五个手指和手掌的后部。

在具体练习或操作中，一般将食指自然地放于勺柄的背部，这样的操作比较方便使用手勺来进行推、拉、接、装、扣、划等一系列动作。

持手勺姿势

实训作业

为什么临灶操作时要求双脚打开，脚尖与肩同宽？

项目二

煸炒实训

项目导读

煸炒是烹饪原料下锅后的第一步操作，通过煸炒将原料煸散，防止原料局部受热过度。煸炒是炒制菜肴必用的一项操作，是烹饪者必须掌握的一项基本技能。

实训任务

项目任务	任务实训编号	任务内容
煸炒实训	实训1	煸炒实训准备
	实训2	煸炒方法

实训方法

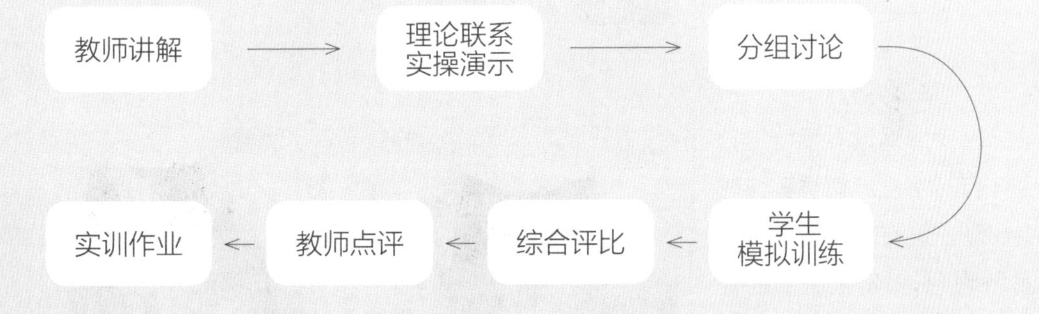

任务　煸炒实训

任务目标

正确掌握煸炒的姿势与操作要求，领悟并掌握煸炒的操作方法、要领，并将煸炒运用于实践。加强学生身体各部位协调性的练习，强化煸炒技能要领。

任务准备

1. 原料

干玉米粒、大米、河沙等。

2. 器具

灶台、双耳锅、抹布、手勺、单柄炒锅等。

3. 场地

勺工实训室。

实训任务

实训1 煸炒实训准备

1. 站立姿势

左手持锅，右手持勺，身体自然站立。初学者往往会出现左重右轻而发生身体偏斜现象，练习时一定要避免。

煸炒实训1

煸炒实训2

2. 抓锅持勺姿势

锅置灶台上，左手持锅、端平端稳、曲肘90°左右自然放于胸前；右手持勺也同样曲肘90°左右放于胸前，手勺的高度应略微高于炒锅。

3. 双手协调性注意事项

在进行练习的时候，左手持锅保持锅的稳定；右手持勺要做出相应的动作，推、拉、送、划，完成整套动作。

实训2 煸炒方法

锅置于灶上，左手持锅，右手持勺，先将锅后端的原料推至前端，再将锅前端的原料按逆时针方向刮至锅后端，再将锅前端的原料按顺时针方向刮至锅后端，最后将原料从锅后端推至前端。

为了更好的掌握煸炒的操作要领，在练习时我们可以配口令练习，如1推、2左刮、3右刮、4推，如此反复练习。

（1）用力要适中，用力过猛，原料容易溢出，造成浪费，也容易造成烫伤；用力不足，原料在锅内翻转的程度不够，会导致受热不均匀；煸炒时要避免破坏菜肴的料形。

（2）在煸炒的过程当中，要时刻注意左右手的协调。在烹制菜肴时煸炒的次数要恰当。

（3）在练习过程中我们以推、左刮、右刮、推为一套动作，在烹调菜肴时要根据实际情况灵活运用推刮的次数。

实训作业

煸炒的作用有哪些？

项目三

旋锅实训

项目导读

旋锅也称晃锅、转菜、旋勺，是指将原料在锅内旋转的一种勺工技艺。旋锅可以防止原料粘锅，受热均匀，成热一致。对于需要勾芡的菜肴，往往是边旋锅边淋芡，此外，也可以调整原料在锅内的位置，确保翻锅、出菜装盘的顺利进行。

实训任务

项目任务	任务实训编号	任务内容
旋锅实训	实训1	旋锅姿势
	实训2	旋锅的方法

实训方法

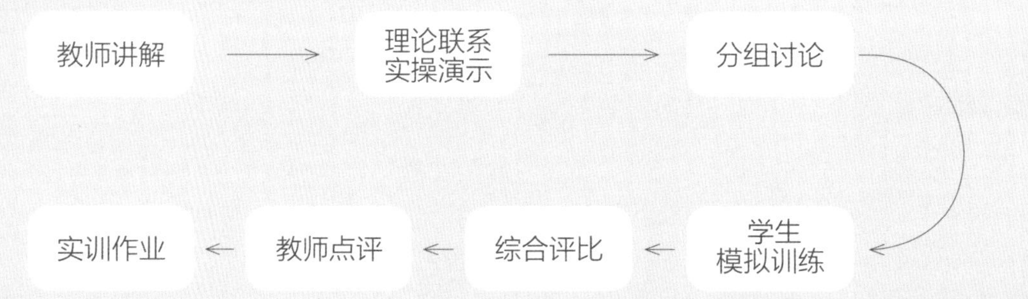

任务　旋锅实训

任务目标

通过旋锅的学习，使学生明白旋锅规范的重要性；掌握正确的旋锅姿势与基本要求，理解旋锅操作技巧并运用于实践；加强学生身体各部位协调性的练习，强化旋锅技能要领。

任务准备

1. 原料

干玉米粒、大米、河沙等。

2. 器具

灶台、双耳锅、抹布、手勺、单柄炒锅。

3. 场地

勺工实训室。

实训任务

实训1 旋锅姿势

1. 基本姿势

炒锅端握在左手中，放在身体的正前方，按照顺时针或逆时针方向施加一个作用力给炒锅，通过炒锅带动原料作顺时针或逆时针方向旋转。

2. 操作要求

旋锅的基本要求是首先要将锅端稳，虽然有外力作用，但炒锅不能发生歪斜现象，其次施加给锅的外力要控制均匀，不能突然施加外力或作用过猛，以防原料会撒出来。

实训2 旋锅的方法

1. 旋锅的基本原理

通过左手给锅施加一个顺时针或逆时针方向的作用力，使炒锅产生一个相对运动的趋势，在炒锅与原料之间产生一个正向或反向的摩擦力，通过摩擦力带动锅内的原料作顺时针或逆时针方向转动。在原料动起来后，在摩擦力和惯性的作用下，接着做顺时针或逆时针方向运动。

2. 旋锅的基本方法

左手端起炒锅（或锅不离开灶口），通过手腕的转动，带动锅做顺时针或逆时针方向转动，使原料在锅内旋转。待锅中原料转动起来后再做小型旋转，保证锅中原料能继续旋转。

（1）单把炒锅的旋锅方法　用左手握住锅把，对炒锅施加一个顺时针（或逆时针）的作用力，使原料在锅内作顺时针（或逆时针）旋转。

（2）双耳炒锅的旋锅方法　双耳锅旋锅根据操作的不同可分为单手旋锅法、双手旋锅法，双手旋锅法又分为勾耳旋锅法和手勺并用法。

①单手旋锅法：锅置灶台，用抹布包住炒锅的锅耳，再用左手大拇指勾住锅耳，同时用左手的其余四指托住锅身，将锅拉起，锅底沿着灶台的边缘，按顺时针（或逆时针）方向给锅施加一个作用力，使原料在锅内沿着一定方向旋转，晃动时的力度要把握均匀适中，特别是对待汤汁较多的菜肴或油煎、油贴的菜肴，用力不可过猛，以免汤汁或热油溢出，造成不必要的烫伤事件。

②勾耳旋锅法：锅置灶台，用抹布包住锅耳，再用左手大拇指勾住锅耳，同时用左手的其余四指托住锅身，将炒锅勾住锅的另一个锅耳，右手用力将锅拉住，左右手同时用力将锅拉起，锅底沿着灶台的边缘，按顺时针（或逆时针）方向给锅施加一个作用力，使原料在锅内沿着一定方向旋转。

③手勺并用法：锅置灶台，用抹布包住锅耳，左手大拇指勾住锅耳，同时用左手的其余四指托住锅身，炒勺放于锅中，左手将锅稍托起沿灶台边缘做顺时针或逆时针方向运动，同时炒勺在锅中推着原料做同一方向运动，使原料在锅内沿着一定方向旋转。

实训作业

旋锅的目的是什么？

项目四

小翻锅实训

项目导读

在用炒、爆等烹调方法烹制菜肴时，烹饪原料在锅中的受热速度很快，为了使原料受热与调味均匀，要求烹饪者快速实现原料在锅中的翻转。通过小翻锅很好的实现烹饪原料在锅中的翻转，是烹制菜肴的基础，也是勺工学习中的重点、难点。

实训任务

项目任务	任务实训编号	任务内容
小翻锅实训	实训	小翻锅的方法

实训方法

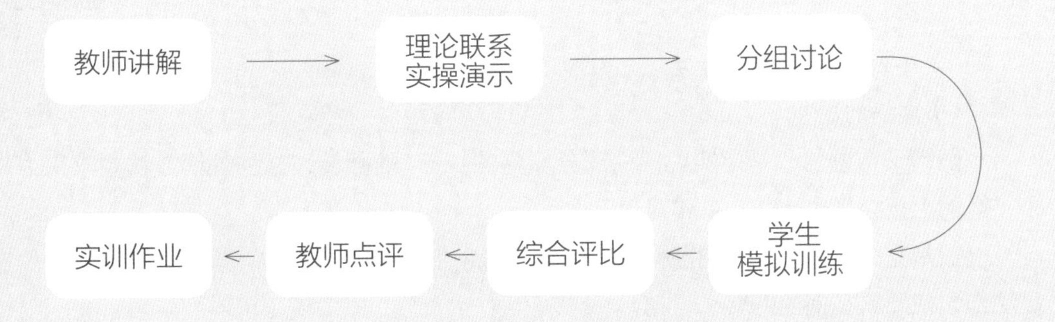

任务　小翻锅实训

任务目标

了解小翻锅的基本要求，理解小翻锅的原理，掌握小翻锅的操作方法及关键，将推拉、送、扬操作要点落实到操作。

任务准备

1. 原料

干玉米粒、大米、河沙等。

2. 器具

灶台、双耳锅、抹布、手勺、单柄炒锅。

3. 场地

勺工实训室。

实训任务

翻锅实训全套演示

实训　小翻锅的方法

（一）小翻锅的原理和方法

1. 小翻锅的原理

小翻锅又称颠勺，是指实现锅内部分原料的180° 的翻转，这种翻锅方法要求用力较小，锅的上扬幅度也比较小。

一般是左手握锅，略微向前倾斜，使锅实现前低后高，采用推、拉、送、扬、拖的连贯动作，使原料在锅内翻转。

2. 小翻锅的方法

（1）准备动作　双脚呈外八字打开，脚尖与肩同宽，左手抓锅，右手持勺，将锅向后一端拉起，前低后高，手臂打开，切不可将手臂贴着身子。

（2）操作过程　先用力将锅向前送，使原料向前滑动，将锅平放于灶台，左手将锅往回拉，同时手勺向前推原料，当原料达到锅的前端时，将勺稍上扬收回，顺势将锅往前送。

（二）小翻锅基本要求

1. 动作要求

在正式翻锅之前，用左手旋锅或抖动炒锅，也可以用手勺推动原料，最好使锅内的原料有一个向前滑动的趋势，为正式翻锅做好必要的准备。

2. 心理因素与心理准备

在正式翻锅前的一刹那，要做好充分的思想准备，要果断、坚决，把握好时机，不能犹豫，否则会出现原料洒落、翻锅不畅或动作不协调等现象。

3. 力度要求

在翻锅的时候，要把握好力度，协调好流畅的推、拉、送、扬等动作，力度大了，原料送出的幅度就比较大，容易发生洒落现象；力度小了，原料不容易从锅中被送出，可能导致翻锅不畅。

（三）小翻锅的规范动作和操作要领

1. 小翻锅的规范动作

在小翻锅之前需要将原料进行煸炒，然后再自然地采取推、拉、送、扬一系列动作，先推动炒锅，使原料从锅中脱出，顺势将原料扬起，当原料在空中翻转下落的过程中，将炒锅向后拉回，将翻转以后的原料接回锅中。

2. 小翻锅的动作要领

左手抓稳锅，手勺配合锅的运动而动，双臂不可贴着身子，灵活运用手腕力量，整个动作轻柔，不可突然发力。

实训作业

小翻锅是一项体力活，为了减轻操作者的体力消耗，我们可以从哪些方面入手？

项目五

大翻锅实训

项目导读

翻锅分为小翻锅和大翻锅，两者在操作原理上是相通的。大翻锅在烹饪原料和烹调技法上比小翻锅适用更广，但对操作者的体力消耗更大，原料翻转要求更高。

实训任务

项目任务	任务实训编号	任务内容
大翻锅实训	实训	大翻锅的方法

实训方法

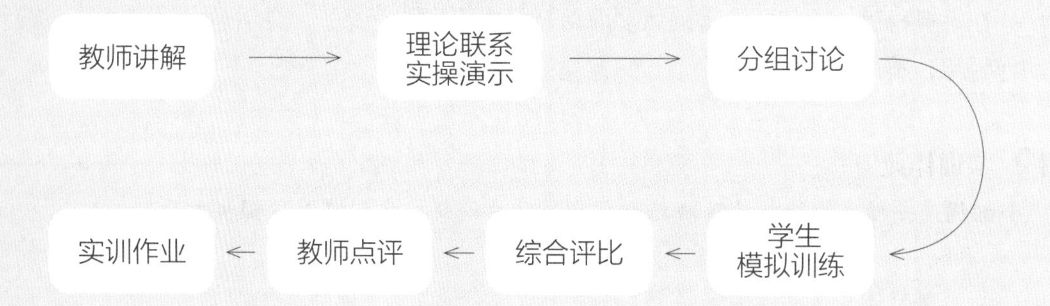

任务　大翻锅实训

任务目标

了解大翻锅的基本要求，理解大翻锅的原理，掌握大翻锅的操作方法及要领，将推、拉、送、扬、举、拖落实到实际操作中。

任务准备

1. 原料

干玉米粒、大米、河沙等。

2. 器具

灶台、双耳锅、抹布、手勺、单柄炒锅。

3. 场地

勺工实训室。

实训任务

实训　大翻锅的方法

（一）大翻锅的原理和方法

1. 大翻锅的原理

大翻锅是指原料在锅内经一次操作而实现全部原料180° 的翻转，相对小翻锅用力较大，锅的上扬幅度也比较大。一般是左手将锅端起，使锅前后相平，采用推、拉、送、扬、拖的连贯动作，使原料在锅内翻转。

2. 大翻锅的方法

大翻锅的操作方法是：一般需将锅端起，使原料在锅中运动起来，接着顺手一扬，让原料从前方脱出锅，在上扬的同时将锅拉回，使离锅的原料向后翻转，根据原料下落的速度和位置，将原料接入锅中。单把炒锅的大翻锅与双耳锅的方法一致，使用的力度比双耳锅小。在操作的过程中为了使原料更好的实现翻转，可使用手勺协助完成。

（二）大翻锅的基本要求

大翻锅根据原料的出料方向来分，可以分为前翻、后翻、左翻、右翻，但在实际应用中主要以前翻为主，在这里以前翻为例。

1. 动作要求

在正式翻锅之前，用左手旋锅或抖动炒锅，使原料与炒锅之间充分分离，为正式翻锅做好必要准备。也可以用手勺推动原料，或者用手勺放在原料的后方协助翻锅动作的顺利完成。

2. 心理准备

大翻锅的心理准备比一般的翻法还要充分，把握时机，下定决心，一次性将原料翻转过来。如果不能一次性翻过来，在正式烹调时必将对菜肴造成较大的影响。如果锅中油、汁较多，翻转后一般将锅脱手置于灶上。

3. 力度要求

如果说一般的小翻锅使用中等力度的话，那么大翻锅必须使用大力度，推、拉、送、扬、举的动作比小翻锅还要流畅，否则不容易实现大翻锅。

（三）大翻锅的基本动作要领和规范动作

1. 大翻锅的规范动作

大翻锅的规范动作如同小翻锅，不过推、拉、送、扬的力度比小翻锅要大。

2. 大翻锅的动作要领

大翻锅首先要保证原料与锅之间绝对的分离，否则因为摩擦力的作用而妨碍翻锅的顺畅性；其次在大翻锅时用手腕瞬间发力，确保翻锅的顺利进行。

实训作业

大翻锅对学生的体力消耗比较大，为了减少体力消耗，在操作过程中左手应该怎么摆放？

项目六

出锅装盘实训

项目导读

出锅装盘包含出锅的操作和装盘的操作，就是运用一定的方法将烹制好的菜肴从锅中取出来，再装入盛器的过程。出锅装盘是整个菜肴制作的最后一个步骤，也是烹调操作的基本功之一。出锅装盘技术的好坏，不仅关系到菜肴的形态，也对菜肴的清洁卫生有很大的影响。

实训任务

项目任务	任务实训编号	任务内容
出锅装盘实训	实训	出锅装盘的方法

实训方法

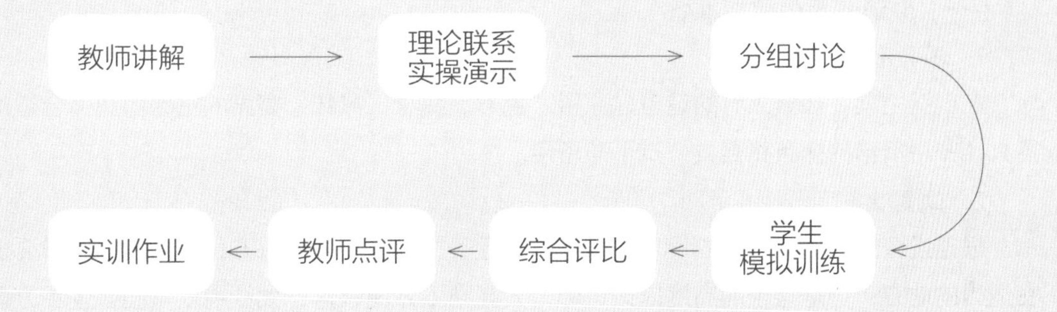

任务　出锅装盘实训

任务目标

了解出锅装盘的前期准备，掌握不同出锅装盘的方法及操作要领，灵活运用不同的出锅方法装盘成菜。

任务准备

1. 原料

大米、河沙、鲫鱼、蛋饼、鸡块等。

2. 器具

灶台、双耳锅、抹布、手勺、单柄炒锅。

3. 场地

勺工实训室。

实训任务

实训　出锅装盘的方法

（一）出锅装盘的前期准备

1. 器具准备

在出锅之前，根据菜肴的造型、原料、色彩、数量、风味、宴席的主题而选择合适的器具，并用清洁的抹布将器具擦拭干净备用。

2. 位置准备

根据设备或其他用具的摆设情况，可以将盘子摆放于左方或后方，也可以根据需要放在适当的地方，但是盘子的高度应该适中，太高则不方便装盘，太低则要弯腰，也不方便装盘，还会影响菜肴的装盘款式。

3. 心理准备

在装盘前，还要做好充分的思想准备，首先要明确盘子在什么位置，应该选择哪种装盘方法；其次应该做好装盘方法的准备，选择盛入法、倒入法还是拖入法，具体应根据菜肴的特点来决定。

4. 动作准备

选择了合适的装盘方法以后，就要根据该方法调节好应有的动作，尽可能地做到动作流畅，连贯自然。

（二）出锅装盘的方法

出锅装盘的方法很多，诸如倒入法、拖入法、盛入法等，每一种方法都要结合具体的菜肴进行装盘练习。

下面主要结合翻锅动作，以小翻锅装盘为例，介绍装盘的方法。

（1）倒入法　即将锅端临盛器上方，倾斜锅身，使菜肴直接倒入盛器的方法，一般用于单一原料或主辅料无明显差别、质嫩勾薄芡的菜肴。盛装前先翻勺，倒时速度要快，勺不宜离盘太高，将勺迅速地向左移动，均匀地倒入盘中。

（2）拖入法　即将锅端临盛器上方，倾斜锅身，用手勺将整形原料拖入盘中的方法。出锅时先选好角度，将手勺做小幅度翻动，并趁势将手勺插到原料下面，然后将锅端进盘边，锅身倾斜，用手勺连拖带倒地把原料拖入盘中。拖入时手勺不宜离盘太高，否则原料易断碎。

（3）盛入法　是用手勺将菜肴盛入盘中，先盛小的差的块，再盛大的好的块，并将不同原料搭配均匀的方法。一般适用于单一或多种不易散碎的块形原料组成的菜肴及部分汤菜。

（4）拨入法　适用于小型无汁的炸菜。由于炸菜的特点是无芡汁，块块分开，适宜于拨入盘中。其方法及关键是：将炸熟的菜肴先用漏勺捞出，把油沥干，然后用筷子或手勺慢慢地拨入盘中，装盘后如发现原料堆积或排列的形态不够美观，可用筷子将菜肴略加调整，使其均匀饱满，切不可直接用手操作。

（5）拉入法　即将锅端临盛器上方，倾斜锅身，用手勺将锅内菜肴拉入盛器中。此法适用于小料形菜肴的装盘，呈自然堆积造型形式，如馒头形。

实训作业

一套完整的翻锅包含哪些操作？每项操作的关键点有哪些？

参考文献

[1] 冯玉珠. 烹调工艺学 [M]. 北京：中国轻工业出版社，2009.
[2] 王劲. 烹饪基本功 [M]. 北京：科学出版社，2011.
[3] 汪幸生. 刀工教程图解 [M]. 广州：广东人民出版社，2010.
[4] 玺璺. 实用刀工基础与应用 [M]. 长沙：湖南美术出版社，2008.
[5] 马库斯·沃尔英，肖恩·希尔，查莱. 特洛尔特，等. 刀工 [M]. 刘宝，张平，刘超，译. 北京：旅游教育出版社，2011.